彩色图解鱼病大全

U0255254

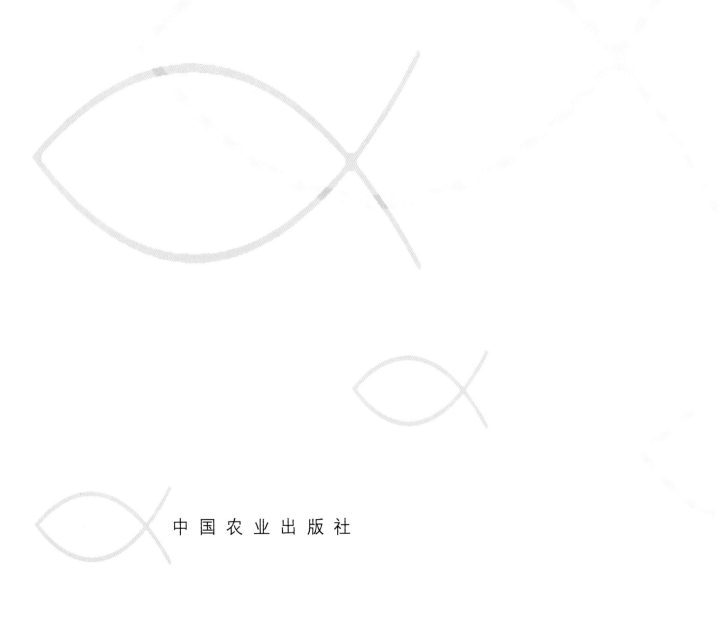

中国农业出版社

彩色图解 鱼病大全

唐家汉 唐浩 编著

内 容 简 介

　　本图册编绘鱼病诊断彩图120幅，并以简要的文字阐明各种鱼病的诊断要点和新的防治方法，可以说，它是目前国内外系统和完整的一本鱼病防治图册。不仅是养鱼者的实用手册，也是各院校水产专业不可多得的辅导教材。相信它的出版，将对我国的鱼病研究、教学，特别是生产上的鱼病防治起到积极的推动作用。

作 者 简 介

　　1940年8月出生于湖南省衡阳县，1963年毕业于上海水产学院（现上海海洋大学）。

　　1963年9月—1986年5月，在湖南省水产科学研究所工作。在几十年的科研和生产实践中，深知鱼病对渔业的危害性，早在20世纪70年代就着手收集资料和绘制鱼病图谱，受到国内有关专家的重视，后由中国科学院水生生物研究所鱼病研究室的聘请，从事鱼病的病症研究和绘图工作，历时5年。

　　同时，本人先后编著了《鱼病防治彩色挂图》《湖南鱼类志》《农家科学养鱼画册》《怎样培育鱼苗鱼种画册》等，先后由中国农业出版社、湖南科技出版社、上海科普出版社出版发行，并发现定名中国鲴亚科两新种——湖南吻鲴、湘江蛇鲴。曾获得过中国出版工作者协会、湖南省人民政府和湖南科技出版社颁发的各种奖励。

　　1986年6月—2000年1月，在湖南科技报社工作，任主任编辑。仍坚持对鱼病的研究和资料收集。随着我国养殖鱼类品种的不断增加和鱼病研究工作的深入，相继又发现了许多新的鱼病和新的防治方法，本人收编对鱼类危害的主要病虫害120种，以进一步系统和完善鱼病防治的知识普及。

2018年3月

前 言

从几十年的水产科研生产实践中，本人深知鱼病对渔业的危害性。由于水域环境复杂，各种病虫害时刻危及鱼的生存，一旦发生鱼病，如不及时治疗，轻则减产，重则"全军覆灭"。为了普及鱼病防治知识，本人从20世纪70年代就着手收集整理资料，并受中国科学院水生生物研究所鱼病研究室的聘请，从事鱼病的病症研究和绘图工作，历时5年，得到我国著名鱼病学家倪达书、潘金培教授的指点，为本图册的出版打下了坚实基础。

随着养殖鱼类品种的不断增加和鱼病研究工作的不断深入，相继又发现了许多新的鱼病。本图册编绘鱼病的病症彩图120幅，以简要的文字阐明各种鱼病的诊断要点和最新的防治方法，让读者一目了然。可以说，它是目前国内外系统和完整的一本鱼病防治图册，不仅是养鱼者的实用手册，也是各院校水产专业不可多得的辅导教材。相信它的出版，对我国的鱼病科研、教学，特别是生产上的鱼病防治将起到积极的推动作用。

由于编者水平有限，图册中难免出错，恳请有关专家和读者指正。

编绘者

2018年3月

目 录

前言

三、原生动物引起的鱼病   81

四、蠕虫引起的鱼病　　　　　　　　　　　　143

五、甲壳动物引起的鱼病   191

六、真菌、藻类引起的鱼病   207

七、不良水质、缺食引起的鱼病 215

八、其他敌害生物引起的鱼病 227

一、病毒性鱼病

1. 草鱼出血病

【病原】由呼肠孤病毒引起。属呼肠病毒科。病毒颗粒呈球形或六边形，平均直径70毫微米，无囊膜构造，有两层衣壳结构。

【病症】病鱼体表呈黑褐色，无光泽。口腔、头部、眼眶、鳍条基部等处出血，下颚、鳃盖和腹部偶有出现淡红色血斑，眼球突出，肌肉往往呈斑点或块状出血，严重时全身肌肉出血，鳃丝出血或灰白色，内部器官比较常见的是全肠或局部出血，肠内无食物。但肠壁仍较结实，不糜烂。腹膜、肝、脾、肾、鳔壁、胆囊、肠系膜及周围脂肪组织均出现点状出血，有时有腹水。

【流行情况】草鱼出血病是草鱼种饲养阶段危害最严重的传染性疾病，在全国主要养殖区均有发生。通常在6～9月，水温25～30℃时为流行季节。成鱼饲养阶段的草鱼也可发病，但严重程度稍有下降趋势。当年草鱼种死亡率一般在30%～50%，个别地区可高达60%～80%。

【防治方法】

（1）注射灭活疫苗。当年草鱼种注射时间是6月中、下旬，当鱼种规格在6～6.6厘米时即可注射。每尾注射10^{-2}浓度疫苗0.2毫升，1冬龄鱼种注射1毫升左右。经注射的鱼种，其免疫力达14个月以上。

（2）每亩*水面（水深1米）用菌毒双杀100～120毫升，用水稀释300～500倍后，搅匀全池泼洒，定期15～20天1次，可治愈草鱼出血病。若用于预防，浓度可适当降低，每亩（水深1米）用药80～100毫升。

（3）发病后全池泼洒大黄末，每立方米水体用2.5～4克，连用3天，有一定疗效。

---

* 亩为非法定计量单位，1亩＝1/15公顷。——编者注

肌肉斑块状出血

鳃盖、肠管及鳔壁出血

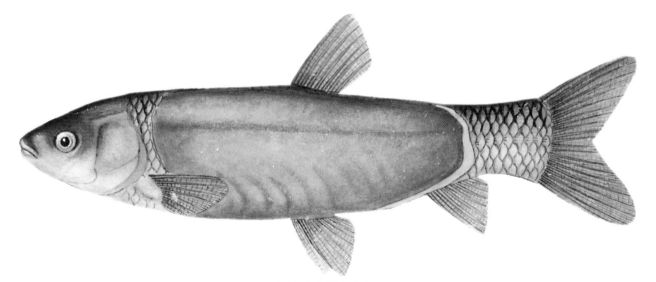

草鱼全身肌肉出血

图1 草鱼出血病

2. 青鱼出血病

【病原】此病是由病毒引起，但是否与草鱼同一病毒，目前尚未证实。病毒颗粒呈球形，直径为50～56毫微米。颗粒中央有电子密度较高的核心，其直径为25～30毫微米，在核周围有一层约16毫微米的外膜。

【病症】病鱼离群独游，体表呈暗黑色，各鳍条基部出血，尤其尾部基部出血更甚，且尾鳍末端往往坏死。口腔、鳃盖下缘、眼眶等处均有点状出血。但肠壁仍有韧性，肝脏和肠系膜也有点状出血。以上症状并非在同一条鱼上同时出现。

【流行情况】青鱼出血病是2龄青鱼的一种病毒性急性传染病，此病流行于我国江苏、浙江一带，上海市郊也有发生。通常在6月底至10月上旬流行，随着水温下降逐渐停止死亡，发病水温为24～32℃。患病死亡率较高，一般为50%，高者达80%以上。

【防治方法】

（1）注射灭活疫苗。采用青鱼出血病的病鱼组织，制成灭活疫苗，对青鱼进行腹腔免疫注射，可取得较好的免疫效果（方法与草鱼出血病同）。

（2）发病季节，鱼塘每立方米水体用敌菌灵0.6克或硫酸铜0.7克全池遍洒，2天为一个疗程。

（3）用克列奥－鱼复康拌饵投喂，每100千克鱼用药50克，每天1次，连喂3～5天。

患病青鱼口腔、头部、鳍基出血，尾鳍末端糜烂

患病青鱼肌肉肠管出血

图2 青鱼出血病

3. 斑点叉尾鮰病毒病

【病原】 由鮰疱疹病毒Ⅰ型引起。属疱疹病毒科。病毒呈二十面体，有囊膜，直径175～200毫微米，病毒核酸为双链DNA。

【病症】 病鱼的鳍基部、腹部和尾柄出血，腹部膨大，双眼突出，表皮发黑，鳃苍白，肛门红肿外突，解剖可见胃扩张，肌肉出血，消化道内无食物，肠道内有淡黄色黏液，腹腔内有淡黄色液体，肾、肝、脾脏贫血或出血，脾脏通常肿大变黑，后肾严重损伤。隐性带毒者一般无临床症状。病鱼食欲下降，离群独游，反应迟钝，在水中打旋或悬挂于水中，最后沉入水底死亡。

【流行情况】 斑点叉尾鮰病毒病最早于1968年在美国发现，目前已成为世界各国养殖鮰鱼的主要传染病之一。我国自1984年从美国引进此鱼，养殖面积和规模逐渐扩大，近年发现该病流行，被感染的斑点叉尾鮰和其他鮰鱼苗和幼鱼，死亡率可高达100%。但8月龄之后，就很少感染。水温越高，发病越快。水温25～30℃时，病程一般为3～7天，死亡率可达90%以上；水温20℃时，该病潜伏期为10天；水温15℃以下不发病。高密度养殖，运输、水污染和细菌感染可诱发该病流行和死亡。

【防治方法】 此病目前尚未有效的药物治疗方法，研究灭活疫苗以达免疫效果是当务之急。可采取以下预防措施：

（1）对养殖场实行全方位预防，对水源、鱼、设备等严格消毒，渔场中设立隔离带，加强疫病监测，养殖抗病品种、杂交种。

（2）发现病鱼必须及时销毁，并对养殖水体、工具、场地进行消毒。

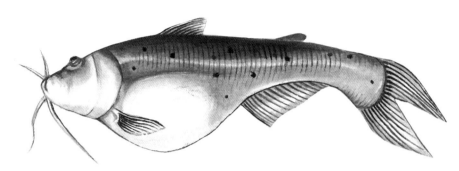

患病幼鱼尾鳍下垂，眼球突出，腹部鼓胀

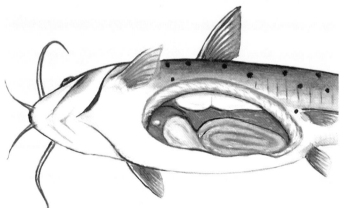

病鱼肌肉、鳍基及肠道充血，肝、脾、肾充血肿大

图3　斑点叉尾鮰病毒病

4．鲤水肿病

【病原】由病毒和细菌双重感染引起。病毒初步诊断为鲤蠢病毒，细菌主要是点状产气单胞菌。病毒是原发性病原，细菌是继发性病原，不利的环境因素是催化剂。

【病症】

（1）急性型　患病初期的病鱼皮肤和内脏有明显的出血性发炎，皮肤红肿，身体的两侧和腹部由于充血发炎，出现不同形状和大小的浮肿状红斑，鳍条基部发炎，鳍条间的组织被破坏，肛门红肿外突，全身竖鳞，鳃苍白。随着病情的发展，病鱼行动缓慢，离群独游，有侧游现象，有时静卧水底，呼吸困难，不食不动，最后尾鳍僵化，失去游动能力，不久死亡。

（2）慢性型　开始皮肤表层局部发炎出血，表皮糜烂、脱鳞，后逐步形成溃疡，肌肉坏死。有自然痊愈的，也有因此而死亡的。慢性型发病过程长，有的拖延45～60天或更长一些时间，死亡之前，常伴有全身水肿，腹腔积水，眼球突出，有时出现竖鳞。

【流行情况】我国大部分养殖地区均有此病发生，主要危害2～3龄鲤、锦鲤、散鳞镜鲤。在鲤繁殖季节最为流行，病鱼池的鲤因该病的死亡率可达45％，最高达85％。

【防治方法】

（1）对病鱼注射土霉素，每尾体重150～400克的个体注射3毫克。

（2）每千克饵料中加土霉素1.8克，做成颗粒饲料，每50千克鱼每天投喂颗粒饲料1.5千克，连喂8天。

（3）用高锰酸钾涂擦患处，以加速伤口愈合，减少细菌感染。

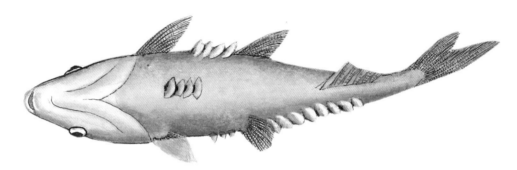

急性型病鱼全身肿胀、竖鳞

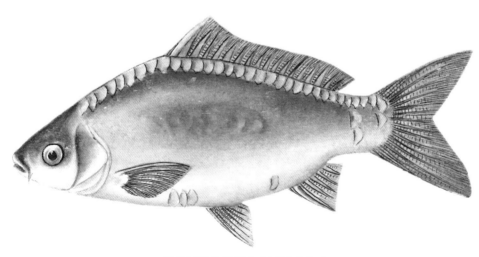

慢性型病鱼溃烂痊愈后形成疤痕

图4　鲤水肿病

5．鳜出血病

【病原】由病毒和细菌双重感染引起。病毒为传染性脾肾坏死病毒，病毒是原发性病原，细菌是继发性病原。

【病症】病鱼体色变淡、黑纹变浅或消失，严重的头部、体表、鳍条及鳃盖有明显的出血点，有的鳃丝白色，肛门红肿，肝脏颜色变淡，有出血点状斑点，胆囊大，胆汁淡黄色，有的有腹水，肠道充血发炎，肠黏膜有出血斑块，肠内有黄色黏液。病鱼不食，常在池底静卧。

【流行情况】随着人们生活水平的不断提高，对水产品的质量要求越来越高，鳜作为珍贵水产品自20世纪70年代开始养殖。在我国各养殖区均先后发现鳜暴发性出血病，影响了鳜养殖的成活率，严重的死亡率可达30%～40%，是对鳜危害最大的鱼病之一。

【防治方法】

（1）每立方米水体用0.25克鱼血停（克暴灵）或每立方水体用0.7～1.2克一元二氧化氯制剂全池泼洒。

（2）严格执行检疫制度，进行综合预防，如注射灭活疫苗。

（3）及时预防细菌、寄生虫感染，保持水质清新、稳定。

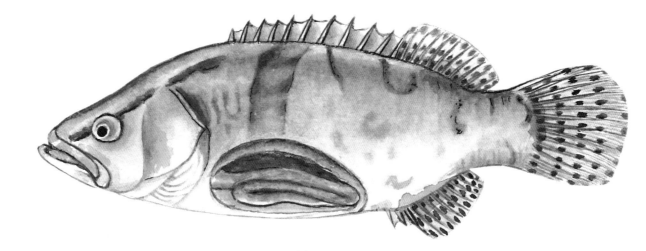

患病鳜肠道红肿发炎

病鱼肝脏颜色变淡，有出血点

图5　鳜出血病

6. 鳗出血性开口病

【病原】由一种脱氧核糖核酸类型的病毒引起。

【病症】病鱼严重出血，主要是颅腔出血，引起上下颌萎缩。其次是口腔、头部肌肉出血，病鱼的骨质疏松，极易破裂，颅腔"开天窗"。齿骨与关节之间连接处松脱，因此口腔张开，不能闭合，故叫开口病。

【流行情况】此病主要流行于福建、广东，主要危害1龄以上鳗鲡。水温在25～30℃时，死亡率可高达90%以上，发病高峰期在7～8月。

【防治方法】

（1）目前尚无有效的防治方法，主要是在综合性预防的基础上，全池泼洒杀菌药，以防细菌感染而加重病情。

（2）可以试用菌毒双杀（浓戊＝醛液），使用方法见产品说明书。

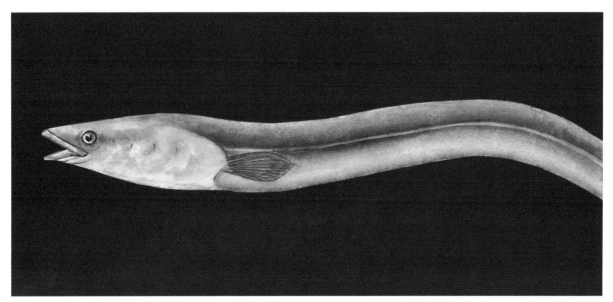

患病鳗鲡上下颌萎缩，口腔张开，头部、胸鳍充血

图6 鳗出血性开口病

7. 鳗狂游病

【病原】由冠状病毒样病毒引起。

【病症】病鱼在水中上下乱蹿，打转狂游，张口，肌肉痉挛，在胸部有明显擦伤，严重时可见穿孔。肝脏肿大，肾脏、心脏变形坏死。

【流行情况】主要危害鳗鲕、当年鳗和2龄鳗，均易患此病。在全国各养鳗区均发现此病流行。发病期为5～10月，高峰期为7～8月。死亡率较高。

【防治方法】

(1) 鳗池中设立遮阳棚，避免阳光直射。

(2) 保持池水环境清洁和稳定，防止水质、水温变化过大。

(3) 全池泼洒二氯异氰脲酸钠，每立方米水体用药0.06～0.1克，每天1次，连用2天；或全池泼洒聚维酮碘，每立方米水体用药0.2～0.23毫升，隔天1次，连用2～3天。

(4) 在有条件的地方，以降低水温为最佳方案。

患狂游病的鳗鲡

图7　鳗狂游病

8. 痘疮病

【病原】 由疱疹病毒引起。病毒直径0.07～0.1毫微米，通常由成群的球状病毒颗粒感染所致，病毒复制适温为15～20℃。

【病症】 早期体表出现白色斑点，以后增厚、增大，形成表皮的"增生物"。由乳白色逐渐变成石蜡状，长到一定程度后会自然脱落，但又会重新长出。当"增生物"不多时，对鱼危害不大；当蔓延到鱼体大部分时，就会使鱼体消瘦，并影响亲鱼的性腺发育。

【流行情况】 主要危害1～2龄鲤，在锦鲤、镜鲤、金鱼养殖中也有此病流行。发病季节为秋末至春初，水温在15℃以下最易发病，同池其他鱼类都不感染。

【防治方法】

（1）秋末至春季阶段注意改善水质，并减少养殖密度。有条件时，最好将池水pH调节到8左右。

（2）将病鱼放入含氧量较高的清水中（流动的水体更好），病鱼体表的"增生物"可自行脱落而痊愈。

（3）全池泼洒溴氧海因，每立方米水体用药0.5克，每天1次，2天为一个疗程。

（4）全池泼洒二氯异氰脲酸钠，每立方米水体用药0.06～0.1克，每天1次，连用2天。

患病红鲤体表覆盖许多白色斑块及蜡状增生物

图8 痘 疮 病

9. 淋巴囊肿病

【病原】由淋巴囊肿病毒引起，属虹彩病毒科。病毒颗粒为二十面体，有囊膜，直径为200～260毫微米，病毒核酸为双链DNA。

【病症】淋巴囊肿病是一种慢性皮肤病。病鱼皮肤上、鳍条和眼球等处出现许多菜花样肿胀物。这些肿胀物有各个分散的，也有聚集成团的，囊肿物多呈白色、淡灰色和淡黄色，有的带有出血病灶而显微红色。囊肿除体表外，鳃、咽喉、肠壁、肠系膜、肝、脾、卵巢等器官上也可能出现，严重者可密布于全身。

【流行情况】此病主要危害牙鲆、鲈、真鲷、大菱鲆等养殖鱼类。全年可发病，每年10月至翌年5月为发病高峰期。当水温10～20℃时，在养殖环境较差的水域，会出现细菌并发性感染，加重病情并引起死亡。苗种和1龄鱼发病后2月内开始死亡，死亡率可达30%；2龄以上的鱼很少因此病死亡。

【防治方法】

（1）人工繁殖的亲鱼应严格检疫，用确保无病毒感染的健康鱼作亲鱼。

（2）不购买带病毒的苗种进行养殖，对发病的鱼池进行隔离，捞除病鱼并销毁。

（3）全池泼洒聚维酮碘，每亩水面（水深1米）用药125～166毫升；若用于预防，则用药100～125毫升。

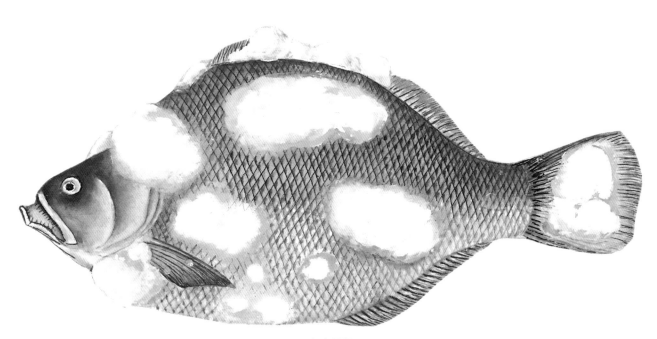

患病牙鲆

图9 淋巴囊肿病

10. 传染性造血器官坏死病

【病原】由传染性造血器官坏死病毒引起。该病毒为一种弹性病毒，含单链RNA。形态呈子弹形，长160～180毫微米，直径70～90毫微米，有囊膜。

【病症】患病初期，病鱼呈昏睡状、摇摆状游泳，继而死亡。但也有的病鱼表现狂暴乱窜，或打转等反常现象。病鱼眼球突出且变黑，腹部膨大，肛门处拖有不透明或棕褐色管形黏液粪便，这是典型的特征。病鱼的鳃苍白，鳍基出血。另外，通常在头部之后的侧线上方显示皮下出血，刚孵出的鱼苗卵囊肿大，并有出血症状。

【流行情况】此病主要危害虹鳟鱼苗、幼鱼。我国东北地区发现此病流行。其死亡率因品系不同而有所差异，有的为50%左右，高的可达100%，是虹鳟养殖中主要病害之一。

【防治方法】

（1）发现疫情将病鱼销毁，并用含氯消毒剂对鱼池进行消毒。

（2）孵化期鱼卵用聚维酮碘浸洗消毒。

（3）发病中，将聚维酮碘液拌鱼饵投喂，每100千克饲料中用药1克，连喂15天。

（4）向鱼池泼洒菌毒双杀（浓戊二醛液），每亩水面用药100～125毫升，定期15～20天1次。

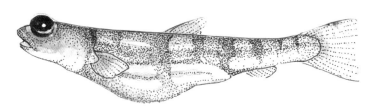

患病虹鳟鱼苗腹部膨胀、眼球突出

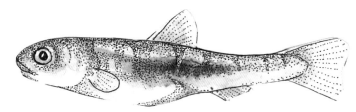

患病虹鳟鱼苗肌肉出血

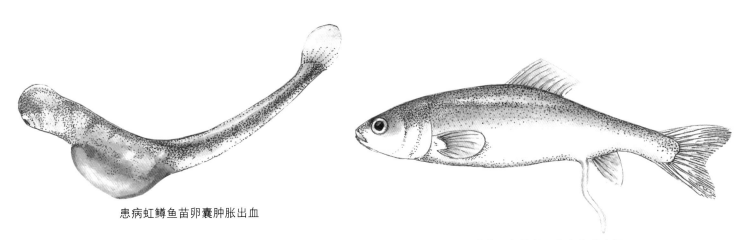

患病虹鳟鱼苗卵囊肿胀出血

病鱼肛门拖着一条白色黏液便

图10　传染性造血器官坏死病

11. 传染性胰脏坏死病

【病原】由传染性胰脏坏死病毒引起，是鲑科鱼类一种高度传染性的急性病毒性鱼病。病毒为二十面体，球形颗粒，无囊膜，直径60毫微米，病毒核酸为双链RNA。

【病症】

（1）急性型　病鱼游动失调，常作垂直回转游动，不久便沉于水底，片刻后又重复以上游动，直到死亡。一般从开始回转游动至死亡仅1～2小时。

（2）慢性型　病鱼体色发黑，眼球突出，腹部膨大。腹部及鳍基充血，鳃呈淡红色，肛门处常拖有1条线状黏液便。剖开鱼腹，有时可见有腹水，肝、脾、肾及心脏苍白，消化道内常没有食物，而有乳白色或淡黄色黏液。病鱼黏液通常在5%～10%的福尔马林中不凝固，这点对诊断有价值。

【流行情况】此病主要危害鲑鳟鱼类，是一种世界性鱼病。在我国流行于台湾、东北、山西、山东、甘肃和北京等地。往往属急性型流行，以14～70日龄的鱼苗鱼种感染率最高，死亡率可高达50%～100%，而5月龄以后的幼鱼一般不发病。该病常在水温10～15℃时流行，水温10℃以下或15℃以上很少发病。

【防治方法】

（1）实行严格检疫制度，不得将带病毒的亲鱼、鱼苗、鱼种引入。

（2）发病早期用聚维酮碘溶液拌饵喂鱼，每千克鱼体重每天用药1.64～1.91克，每天1次，连喂15天。

（3）可将病鱼移入低于10℃或高于18℃的水温中饲养，有一定的防治效果。

（4）用大黄粉等中草药拌饵投喂，也可控制此病。

患病虹鳟幼鱼肛门拖着1条灰白色粪便

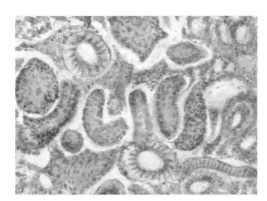

病鱼胰脏切片图

病鱼体色变黑，眼球突出，腹部膨大，腹鳍基充血

图11　传染性胰脏坏死病

二、细菌性鱼病

12. 肠　　炎

【病原】由点状产气单胞杆菌引起。菌体短杆状，(0.4～0.5) 微米×（1～1.5）微米，有动力，极端单鞭毛，无芽孢。染色均匀，革兰氏阴性，多数两个相连。

【病症】主要症状在肠道。剖开鱼腹，有许多腹腔液，肠壁微血管充血或破裂，外溢血使肠壁呈红褐色，肠黏膜细胞往往溃烂脱落。肠内无食物，含有许多乳黄色黏液。肠内细菌繁殖产生毒素和酶，使肠黏膜上皮坏死。毒素被吸收后损坏肝脏，细菌透过肠壁进入血液，出现败血症。单纯的肠炎病病鱼的皮肤和鳞片完整无缺。随着病情的发展，腹部膨大，体色变黑，离群独游，不久即死亡。

【流行情况】据目前所知，许多传染性鱼病均能引起肠道充血发炎，这里是指肠道致病菌引起的肠炎病。又名烂肠瘟、乌头瘟。草鱼、青鱼最易得此病。特别是对1龄以上的草鱼危害最大。常与烂鳃、赤皮病并发，成为草鱼三大主要病害。死亡率可达90%以上。全国各地均有发生，流行季节为4～9月。

【防治方法】

（1）用磺胺胍治疗。每50千克鱼体重第1天用药5克，第2～6天用药2.5克，制成药面投喂，连续6天。

（2）每立方米水体用漂白粉1克，全池泼洒；或每亩水面（水深1米）用生石灰15～25千克全池遍洒。

（3）每100千克鱼，每天用鱼复康A型250克拌饵分上下午2次投喂，连喂3天。

（4）用旺碘（聚维酮碘）全池泼洒，每亩水面（水深1米）用药100～120毫升。

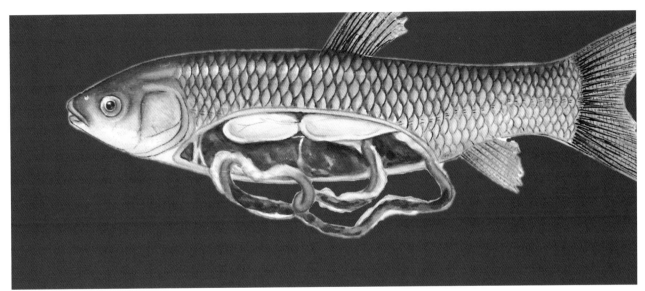

患病草鱼肠道充血发炎

图12　肠　炎

13. 赤 皮 病

【病原】由萤光极毛杆菌引起。菌体短杆状，两端圆形，大小为（0.7～0.75）微米×（0.4～0.45）微米。单个或成对排列，有运动力，极端鞭毛1～3根，无芽孢，菌体染色均匀，革兰氏阴性。

【病症】病鱼体表局部或大部分出血发炎，鳞片脱落，特别是鱼体两侧及腹部最为明显，各鳍条基部或整个鳍充血，鳍条末端腐烂，鳍条间组织被破坏，呈扫帚状。严重的病鱼尾鳍往往有水霉寄生。

【流行情况】此病又称出血性腐败病、赤皮瘟、擦皮瘟等。我国各养殖地区均有发生，特别是华中、华南和华东等地。终年可见，常与烂鳃、肠炎并发，在草鱼、青鱼、鲤及斑点叉尾鲴中广泛流行。本病菌不能侵入健康鱼的皮肤，因此病鱼有受伤史。因放养、扦捕和体表寄生虫等造成鱼体受伤后，给病菌造成可乘之机。另外，冬季鱼体冻伤也可导致赤皮病的发生。

【防治方法】

（1）在扦捕、运输等操作过程中避免鱼体受伤。

（2）给病鱼喂磺胺噻唑。每千克鱼第1天用药10克，第2～6天减半，用适当的面糊作黏合剂，做成药饵投喂。

（3）用漂白粉全池泼洒，每立方米水体用药1克；或用五倍子2～4克，遍洒入池。

（4）用"渔家乐——A型"进行防治（用法见产品说明书）。

患病斑点叉尾鮰

患病青鱼

图13 赤皮病

14. 烂鳃病

【病原】由鱼害黏球菌引起。菌体细长，粗细基本一致。两端钝圆，一般稍弯曲，有时弯成圆形、半圆形、V形。较短的菌体通常是直的。菌体的长短很不一致，长2～24微米，个别37微米、宽0.8微米，菌体无鞭毛，通常作滑行运动。

【病症】病鱼鳃丝腐烂，常有污泥，鳃盖骨的内表皮往往充血，中间部分的表皮常腐蚀成1个不规则的透明小窗（俗称开天窗）。在显微镜下观察，草鱼鳃瓣感染了黏细菌以后，引起的组织病变不是发炎和充血，而是病变区域的细胞组织呈现不同程度的腐烂、溃烂和"浸蚀性"出血。

【流行情况】引起烂鳃的病原较多，这里是专指由黏细菌引起的鱼类烂鳃病。青鱼、草鱼、鲢、鳙、鲤、鲫、金鱼以及其他一些鱼类都可以发生此病，是当年草鱼种和成鱼的严重病害之一。全国各养殖区终年可见此病，以4～6月为主要流行季节，最流行的水温为20～30℃，15℃以下很少发病。

【防治方法】

（1）用漂白粉全池泼洒，每立方米水体用药1克。

（2）每100千克鱼体重每天用"鱼复康A型"250克拌饵投喂，分上下午2次投放，连喂3天。

（3）用大黄粉拌饵投喂，6厘米左右规格的鱼，每天每万尾用药500克；10厘米左右规格的鱼，每天每万尾用药750克。

（4）用暴血停（苯扎溴铵）全池泼洒，每亩水面（水深1米）用药100毫升，2～3天用1次，连用2～3次；预防此病15天用药1次，用量减半。

鱼害黏球菌

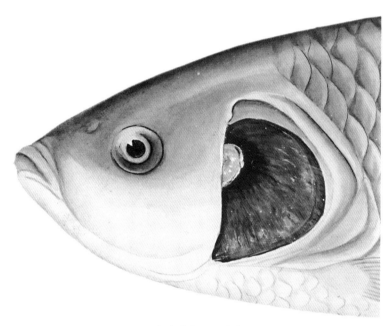

患病草鱼鳃丝腐烂

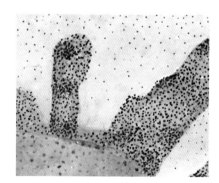

病鱼鳃上的柱子

图14 烂鳃病

15. 疖 疮 病

【病原】由疖疮型点状产气单胞杆菌引起。这是革兰氏染色阴性小杆菌，菌体大小一般是（0.5～0.6）微米×（1.0～1.4）微米，无荚膜，有动力，具极端单鞭毛。国外报道，鲑鳟鱼类的疖疮病是由杀鲑杆菌引起的。

【病症】在鱼体驱干部组织上生有一个或几个如人类疖疮病的脓疮。发病的部位不定，通常在鱼体背鳍基部附近的两侧。典型的症状是：在皮下肌肉形成感染病灶，随着病灶内细菌繁殖的增多，病情发展，肌肉组织溶解，出血，渗出体液，细胞游离，里面充满浓汁、血球和大量细菌。患部软化，向外隆起。用手触摸有柔软浮肿的感觉。隆起的皮肤先是充血，以后出血，即而坏死、溃烂，形成火山口似的溃疡口。

【流行情况】此病又称瘤痢病。主要危害青鱼、草鱼和鲫等，鲢、鳙偶有发生。无明显的流行季节，四季都有出现。危害对象是成鱼，鱼苗、鱼种阶段未见此病发生。

【防治方法】

（1）鱼池彻底清塘消毒，鱼种放养时，每立方米水体用漂白粉5～10克，浸洗鱼种半小时左右。

（2）用漂白粉或五倍子（用开水浸泡后）全池泼洒，每立方米水体用漂白粉1克或五倍子2～4克。

（3）在病鱼病灶处涂高锰酸钾或金霉素软膏消炎。

（4）用暴血停（苯扎溴铵）全池泼洒，每亩（水深1米）用药100毫升，每隔2～3天1次，连续2～3次。

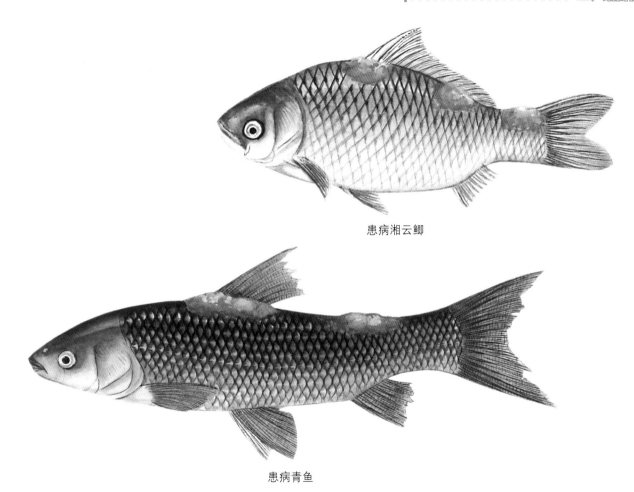

患病湘云鲫

患病青鱼

图15 疖疮病

16．暴发性出血病

【病原】由嗜水气单胞菌为主的多种细菌感染引起。病原除嗜水气单胞菌外，另外还有液化产气单胞菌、点状产气单胞菌、极毛菌等。其中，点状产气单胞菌有两种类型：一种是毒力极强的水肿型点状产气单胞菌，可使鱼体水肿、产生腹水；另一种是毒力较弱的非水肿型点状极毛菌，使鱼体呈溃疡状。此外，也因病毒感染而致此病的。

【病症】病鱼早期上下颌、口腔、鳃盖、眼球、鳍条和鱼体两侧轻度充血，进而严重充血。有的有肠炎症状，有的有竖鳞症状，有的有烂鳃症状，也有的因急性传染而表现症状不明显时就突发性死亡的。

【流行情况】该病流行时间长，面积广，病情来势凶猛，严重影响渔业生产的发展。鳜、鲢等养殖鱼类都有因此病出现大批死亡的，成为我国养殖鱼类又一大疾病。

鱼病多发生在夏秋两季、6～10月水温25～30℃时，因这季节雷雨时气温急剧变化，水体上下温差大，池中产生对流，带动底层病菌上升，水体污染，使鱼感染而暴发此病。

【防治方法】

（1）鱼种下塘前要彻底清塘消毒。

（2）每亩水面（水深1米）用生石灰35～50千克全池遍洒。

（3）用"出血止""出血康""渔家乐A型"等药物配成药饵喂鱼（药饵配 法见产品说明），连喂3～5天。

（4）用暴血停全池遍洒，每亩水面（水深1米）用药100毫升。2～3天1次，连续2～3次。用于预防药量减半，15天1次。

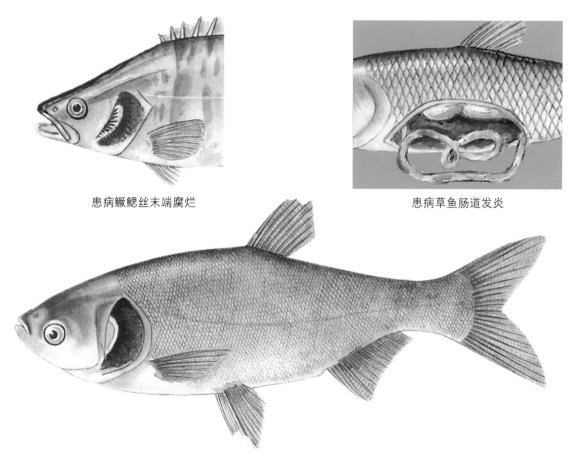

患病鳜鳃丝末端腐烂

患病草鱼肠道发炎

患病白鲢鳃丝腐烂，头部体侧及鳍基充血

图16 暴发性出血病

17. 细菌性败血病

【病原】由温和气单胞杆菌、豚肠鱼气单胞菌等多种革兰氏病菌引起。

【病症】病鱼全身充血、出血，肛门细肿，腹部膨大，腹腔内有大量淡黄色或淡红色腹水。严重贫血，肝、脾、肾肿大，有的鳞片竖起，肛门拖有黏液粪便。症状多样化、急性感染时，有的看不出明显病症突然死亡。

【流行情况】此病危害鱼的种类多，危害鱼的年龄范围大。主要危害鲫、白鲢、鳊、鳙、鲤、草鱼及鲮、鳜等，流行广，发病季节长，死亡率可高达50%～80%，甚至100%，是危害极为严重的急性细菌性传染病。

【防治方法】

（1）每千克鱼体重每天用鱼泰8号15克拌饵，分上下午2次投喂，连续5～7天为一个疗程。

（2）用克菌威拌饵投喂，用药量为饵料的0.5%，连喂5天。若病情严重时，可延长投药期，直到治愈。

（3）用强力鱼康拌饵投喂，每千克鱼饵料加药2克，连投7天。

（4）用暴血停全池泼洒，每亩水面（水深1米）用药100毫升，每隔2～3天1次，连续2～3次。用于预防药量减半，15天1次。

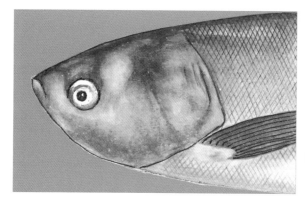

患病白鲢眼睛、头部、胸鳍基充血

患病银鲫眼睛、头部及鳍基充血

图17 细菌性败血病

18. 鳗爱德华氏病

【病原】由爱德华氏菌引起。常与单胞菌混合感染而造成病情加剧。

【病症】鳗的胸鳍、臀鳍充血发红，不摄食，肛门红肿外突，周围皮肤充血，由于肝、肾肿大，可见腹部明显膨大而出现凹线。解剖观察肝脏肿大，瘀血，色深，肾脏肿大，有溃疡病灶。

【流行情况】此病一年四季均可发生，尤其是春夏季最为严重。当水温25～30℃时，若气温骤变易引起此病暴发。苗种期常为急性型，形成大量死亡；幼鱼、成鱼期表现为慢性型，死亡率不高。爱德华氏菌为条件性病原菌，当环境骤变会引发此病。若与其他病菌混合感染，会使病情恶化，加大死亡率。

【防治方法】

（1）加强饲养管理，鱼种放养前可用2%～3%的食盐水消毒。投饵不要过量，保持水质清新，注意操作，勿使鱼体受伤。

（2）对患急性病的鳗鲡苗期，以药浴和内服并重的方法控制：先用0.5%～0.7%的食盐水浸洗36～48分钟，再在饲料中添加0.1%～0.2%的土霉素与0.2%的维生素C，连续投喂10～15天。

（3）对患慢性病的幼鱼、成鱼，以内服为主，辅以药浴。内服鳗康达11号（用法见产品说明书）同时在饲料中添加一些维生素C、益菌素EM、保肝护胆剂等。或每100千克鳗鲡投喂四环素10克，或大蒜素3～5克，每天1次，连续5天。再用二氧化氯全池泼洒，使池中有效氯达0.2～0.3毫克/升，隔天1次，连续3～4次。

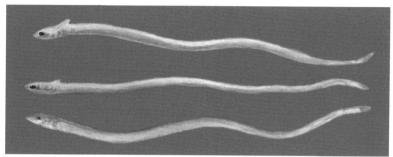

鳗鲡苗种期常为急性大批死亡　　　　　　　　肛门红肿外突

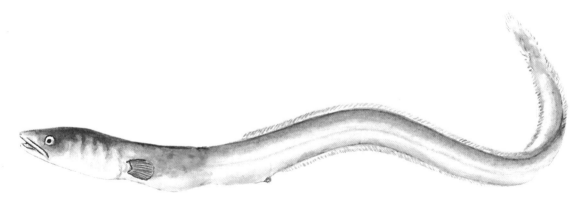

患病鳗鲡胸鳍、臀鳍充血发炎，周围皮肤充血

图18　鳗爱德华氏病

19. 白头白嘴病

【病原】由一种黏球菌引起。该菌与烂鳃病的病原体——鱼害黏球菌的形态相似。菌体细长，粗细大致一样，长短不一，菌体宽0.8微米左右、长5~9微米，柔软而易曲绕。革兰氏阴性，无鞭毛，滑行运动。

【病症】病鱼自吻端至眼球一段皮肤呈乳白色，唇似肿胀，张闭失灵，因而造成呼吸困难。口周围的皮肤溃烂，常有絮状物黏附其上。个别病鱼的颅顶和眼周围有充血现象，眼以后的皮肤病变逐渐减弱。

【流行情况】白头白嘴病是一种暴发性鱼病。发病快，来势猛，死亡率高。主要危害鲤、草鱼、青鱼、鲢、鳙等鱼苗、鱼种。有明显的季节性，在长江流域一带，一般从5月下旬开始，6月到达高峰期，7月下旬以后少见。此病是常见危害较为严重的鱼类疾病之一。

【防治方法】

（1）用生石灰清塘消毒。每亩水面（水深1米）用15~20千克生石灰全池遍洒。

（2）每立方米水体用五倍子2~4克，全池遍洒；或每立方米水体用乌桕叶干粉6.25克或鲜叶25克，放入2%的生石灰水中浸泡并煮沸10分钟，全池遍洒。

（3）每100千克鱼体重每天用鱼复康A型250克拌饵投喂，分上下午2次投放，连喂3天。

（4）病鱼池用旺碘消毒剂全池泼洒，每亩水面（水深1米）用药125~166毫升。

患病鲤

患病草鱼种在水中症状

图19　白头白嘴病

20. 棉 口 病

【病原】由柱状软骨球菌引起。该病原好气，生长最适宜的温度为25℃。最适宜的pH为7.2左右，pH在6.0～8.5都能生存。主要患病对象为底层鱼类，如鲤、鲫、剑尾鱼和接吻鱼等。

【病症】病鱼的额部和嘴部周围细胞坏死，色素消失而呈白色，病变部位发生溃烂，有时带有灰白色绒毛状物，呈棉絮状。在水面游动的病鱼，症状尤为明显。当病鱼离水后，症状就不明显。严重的病鱼，病灶部位发生溃烂，个别头部出现充血现象，有时还表现白皮、白尾、烂尾、烂鳃或全身多黏液病变反应。病鱼一般体瘦、发黑，呼吸加快，食欲不振，游动缓慢，不断浮出水面，不久即死亡。此病是一种暴发性疾病，发病快、传染迅速，一日之间可全部死亡。

【流行情况】流行季节一般为5月下旬至7月上旬，6月为发病高峰期。在水质受到污染、细菌大量繁殖滋生时，体质弱者极易感染此病。且传染快，发病多为底层鱼类，特别是爱用嘴啃青苔的鱼发病几率最高。

【防治方法】

（1）每立方米水体用漂白粉1克，或用西力生0.5～0.7克，全池遍洒。

（2）用5%的食盐水浸洗病鱼，每天2次，每次10分钟，1周可治愈。

（3）用菌毒双杀（浓戊二醛溶液）全池泼洒，每亩水面（水深1米）用药100～125毫升，最好选晴天进行。若让鱼同时内服"止血康"水产专用维生素C，效果更好。

患病金鱼

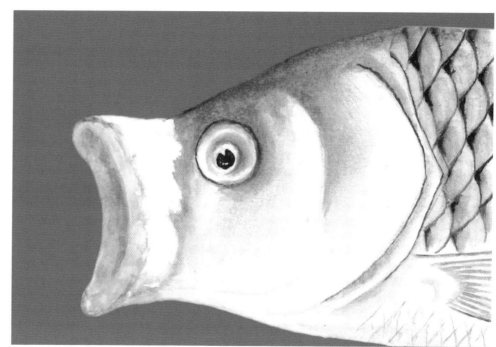

患病草鱼

图20 棉 口 病

21. 鲤白云病

【病原】由恶臭假单胞菌及荧光假单胞菌等革兰氏阴性短杆菌引起。

【病症】病鱼体表有点状白色黏液物附着，鳞片基部充血、竖鳞，有的鳞片脱落，体表及鳍基充血，肝、肾充血。随着病情的发展，体表的白色黏液物逐渐蔓延扩大，病鱼靠边缓游，不吃食，不久即死亡。

【流行情况】此病一般在冬春两季流行。流行水温$6 \sim 18 ℃$，在$11 \sim 14 ℃$时为高峰期。感染迅速、传染快、死亡率高，在稍有流水、水质清瘦的越冬池中，当鱼体受伤后更易发病。当水温上升到$20 ℃$以上，此病不治而愈。主要危害鲤，同池同箱中其他鱼类不感染发病。

【防治方法】

（1）每立方米水体用漂白粉1克，全池遍洒。

（2）每50千克鱼用磺胺噻唑5克拌饵投喂，每天1次，连续6天。

（3）每立方米水体用亚甲基蓝2克，全池遍洒，第二天再泼洒1次，有较好的疗效。

患病鲤   正常鲤

图 21　鲤白云病

22．体表溃烂病

【病原】由嗜水气单胞菌、温和产气单胞菌和豚鼠气单胞菌等引起。嗜水气单胞菌的菌体呈杆状，两端圆钝，中轴直径0.5～0.9微米。单个或两个相连，能运动，极端单鞭毛，无芽孢，无荚膜，革兰氏阴性；温和产气单胞菌的菌体大小为（0.3～0.5）微米×（0.8～1.3）微米，两端钝圆。单个，成对或短链，有运动能力，极端单鞭毛，革兰氏阴性短杆菌。

【病症】发病初期，病鱼体表出现数目不等的斑块状出血，之后，病灶处的鳞片脱落，表皮及皮下肌肉坏死，溃烂，形成大小不等深浅不一的溃疡，严重时露出骨骼和内脏，即而死亡。

【流行情况】此病危害多种鱼类，特别是对罗非鱼、黄颡鱼、斑点叉尾鲴、乌鳢、加州鲈、裂腹鱼和大口鲇等养殖鱼类危害最大，水温15℃以上开始流行，发病高峰期是5～8月。外伤是本病的重要诱因。

【防治方法】

（1）加强综合防治措施，操作时严防鱼体受伤，并保持养殖水质清新。

（2）每立方米水体用二氯异氰脲酸钠0.3～0.5克；或二氧化氯、溴氯海因0.1～0.2克，全池遍洒。

患病罗非鱼

患病黄颡鱼

图22 体表溃烂病

23. 肿 嘴 病

【病原】由黏球菌引起。此病菌与烂鳃病病原菌的形态很相似。它为好气生长，最适温度为25℃，最适pH为7.2左右，pH在6.0～8.5均能生长。

【病症】发病初期嘴角出现小白点，后发展到红肿，最后发展到溃烂。罗非鱼唇上出现小米一样的颗粒，有时可能在嘴里面。这种病来得很快，能在半天以内让鱼的嘴突出来，3天以内造成死亡。有的严重者，整个唇会脱落下来。

【流行情况】患此病的鱼类较多，如鲴（包括黄尾密鲴、细鳞斜颌鲴、银鲴）、鲤、鲫及观赏鱼锦鲤、罗汉鱼等。此病是一种暴发性鱼病，发病很快，传染迅速。流行季节较为明显，5～7月最为流行，以6月为最甚。

【防治方法】

（1）用3%的食盐水药浴病鱼10分钟。

（2）用土霉素原粉拌饵投喂，每天每10千克鱼体重用药2克，3天为一个疗程。

（3）用强力鱼康拌饵投喂，每千克鱼饲料加药2克，连喂7天。

（4）挤出病灶浓汁，先用红药水消毒，再涂抹红霉素药膏，严重病鱼还应注射阿米卡星。

（5）用利福鱼康给病鱼药浴，每立方米水体用药25克，药浴1～2小时。

患病黄尾鲴上下嘴唇红肿外突

图23 肿 嘴 病

24. 穿 孔 病

【病原】由鱼害黏球菌引起。菌体细长，柔软而易弯曲，滑行，菌体长短相差不大，为2～26微米；粗细基本一致，为0.6～0.8微米。

【病症】早期病鱼食欲减退，体表部分鳞片脱落，表皮微红，外突稍为隆起。随后病灶出现出血性溃烂，从头部、鳃部、背部、腹部直到尾柄均有出现，溃烂面积大小不一，小者如黄豆，大者直径有1～2厘米。溃烂不仅限于真皮层，而且深入肌肉，严重的甚至烂到现出骨骼和内脏，酷似一个洞穴。

【流行情况】此病是危害性很大的传染病。每年9月至翌年6月为流行期。10月到初春水温低时，为流行盛期，死亡率高。由病鱼卵孵出的鱼苗，一个月后开始发病，其症状与成鱼有所不同，最初尾鳍边缘出现白色黏液物，随即向前蔓延，布满全身，以致死亡。

【防治方法】

（1）合理放养，水中溶氧最好保持在5毫升/升左右，避免鱼浮头，以增强抗病力。

（2）死亡的病鱼要深埋，并用生石灰消毒。

（3）用漂白粉遍洒全池，每立方米水体用药10克，24小时后再加注新水。

患病泥鳅

患病鲤

图24 穿 孔 病

25. 打印病

【病原】由点状产气单胞菌引起。该菌为革兰氏阴性短杆菌，大小为（0.6～0.7）微米×（0.7～1.7）微米，中轴直形，两侧弧形，两端圆形，多数两个相连，少数单个，有运动力，极端单鞭毛，无芽孢。

【病症】鱼种或成鱼的患病部位通常在肛门附近的两侧或尾鳍的基部，极少数在身体的前部。亲鱼患病没有固定的部位，全身各处都可能出现病灶。发病初期皮肤出现红斑，随着病情的发展，鳞片脱落，肌肉皮肤腐烂，直至露出骨骼和内脏。病灶呈圆形或椭圆形，周围充血发红，形似打上一个红色印记，故名打印病。病情严重者身体瘦弱，游动缓慢，食欲减退，终至衰竭死亡。

【流行情况】此病多在春秋季发生，主要危害鲢、鳙、团头鲂。消毒不彻底的老鱼塘，多发生此病。

【防治方法】

（1）每立方米水体用漂白粉1克或五倍子10克，全池遍洒。

（2）发病初期，亲鱼用金霉素注射，每千克鱼体重注射5毫克，或注射四环素2毫克，进行肌内或腹腔注射。

（3）用高锰酸钾等杀菌药物涂于病灶处。

（4）用含碘消毒剂全池遍洒。每亩水面（水深1米）用旺碘（聚维酮碘）100～120毫升，全池泼洒。

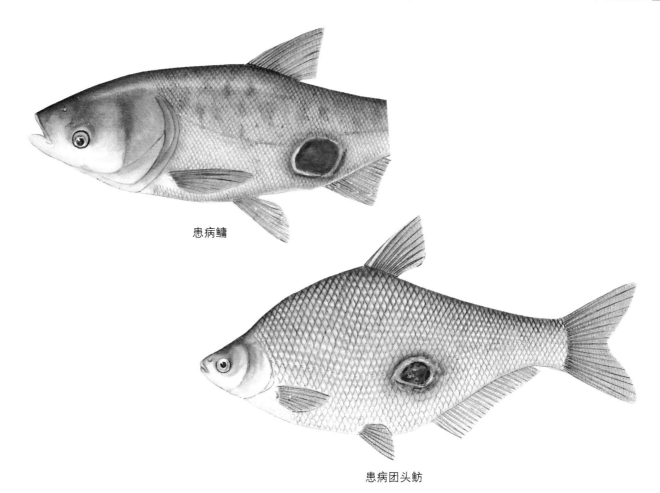

患病鳙

患病团头鲂

图25 打印病

26. 弧菌病

【病原】由鳗弧菌引起。此菌为革兰氏阴性短杆菌，菌体直或弯曲，菌端圆形，单个，很少出现两个相连或链条状，多形，大小为（0.5～0.7）微米×（0.7～1.5）微米，极端单鞭毛，能运动。

【病症】病鱼的皮肤出现点状发红，腹部和下颚以及各鳍条基部最明显，胸鳍有时腐烂。当病菌侵袭内脏时，肝脏、肾脏明显增大，肝脏呈土黄色，点状出血。有的腹腔中有黄色腹水，从外表即可看出肝区部位明显向外突出。

【流行情况】弧菌病主要危害海水和淡水养殖鱼类，近年来我国南方各养鳗区和北方鲑鳟鱼养殖区均有此病发生。

【防治方法】

（1）不投喂腐败变质的饵料，投喂口服或注射疫苗。

（2）向病鱼池泼洒二氯异氰脲酸钠，每立方米水体用药0.4～0.5克。

（3）每千克鱼体重每天投喂磺胺甲基嘧啶0.2克，拌饵喂鱼，连续5天。

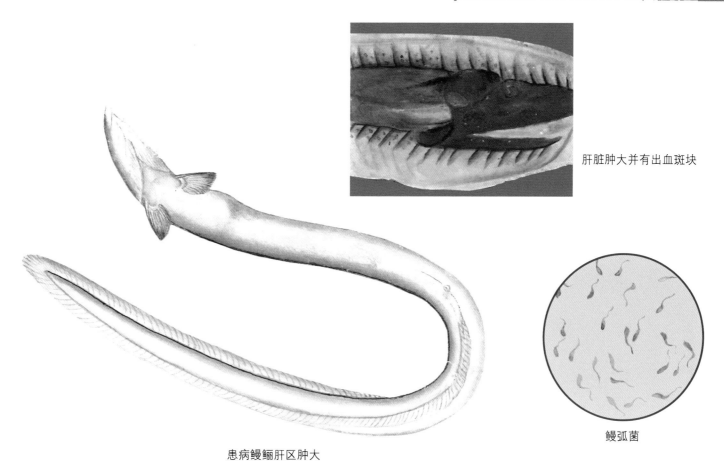

肝脏肿大并有出血斑块

鳗弧菌

患病鳗鲡肝区肿大

图26 弧菌病

27．链球菌病

【病原】由链球菌引起。该菌为革兰氏染色阳性球菌。菌体圆形，呈链状排列，直径1微米左右。非抗酸性，不形成芽孢。

【病症】病鱼主要症状是鱼体发黑，眼球突出，鳃褪色。解剖可见肝脏肿大，呈暗红色，胃肠内无积水。

【流行情况】此病是我国近年来发现的一种新鱼病，可能是从国外引进养殖鱼类中传入的。主要危害鲑鳟鱼类（如虹鳟）、香鱼、银大麻哈鱼等。

【防治方法】

（1）向病鱼池泼洒漂白粉或三 氯异氰尿酸，每立方米水体用药1克或0.5～0.6克。

（2）每千克鱼体重每天用磺胺甲基嘧啶0.1～0.2克，拌饵投喂，每天1次，连续5～7天。

（3）每千克鱼体重每天用土霉素2～8克拌饵喂鱼，连续5～7天。

病鱼眼球突出

病鱼的肝脏

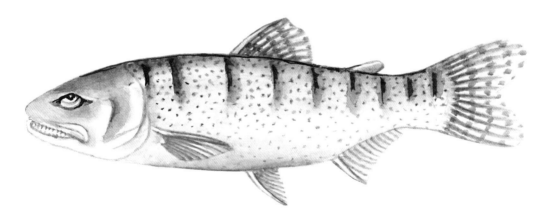

患链球菌病的虹鳟

图27 链球菌病

28. 尾 柄 病

【病原】 由点状产气单胞杆菌引起。

【病症】 病鱼尾部鳞片脱落，发炎，肌肉坏死腐烂。有的鳍基充血，鳍条末端蛀蚀，鳍间组织破坏，鳍条散开。严重的病鱼整个尾柄烂掉，可见外露的脊椎骨。尾柄部位并发水霉时，在水中游动形似白色尾巴。病鱼常常头部向下，与水面垂直。因为是条件致病菌，所以患病的鱼定有机械受伤史或有寄生虫寄生史。

【流行情况】 尾柄病又名烂尾病，主要流行于鳗鲡和6～10厘米的草鱼种。此病没有明显的季节区别，一年四季均有流行，没有明显的地域界限，全国各主要养殖区均有此病发生。

【防治方法】

（1）投喂强力鱼康，每千克鱼饲料中加药3克，连喂7天。

（2）用强力鱼康全池泼洒，每立方米水体用药2～4克；或用强力鱼康给病鱼药浴0.5～1小时，每立方米水体用药20克。

（3）用菌毒双杀（浓戊二醛溶液），每立方米水体用药40毫克，用水稀释300～500倍，全池泼洒，隔2～3天1次，连用2～3次。

（4）每立方米水体用金霉素或链霉素12.5克浸洗病鱼，浸洗时间随水温的高低而定，一般30分钟左右。水温高于25℃以上时，浸洗时间要短些，否则要长一些。

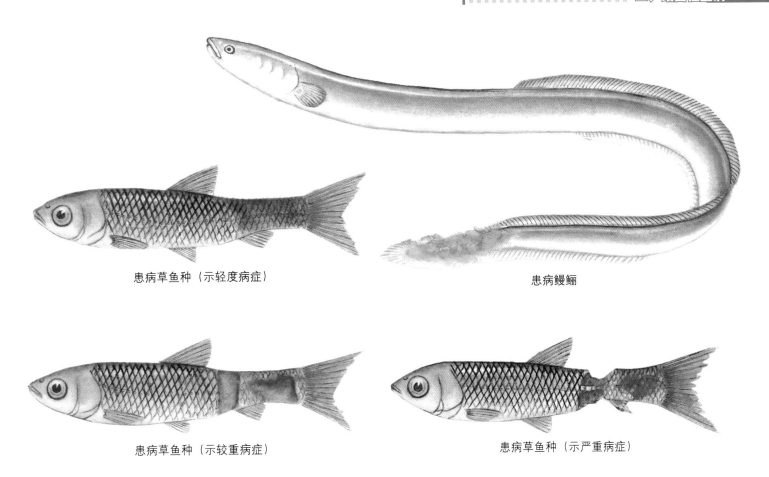

患病草鱼种（示轻度病症）　　　　　　　　　患病鳗鲡

患病草鱼种（示较重病症）　　　　　　　　　患病草鱼种（示严重病症）

图28　尾　柄　病

29. 白 皮 病

【病原】由白皮极毛杆菌和鱼害黏球菌引起。白皮极毛杆菌是革兰氏阴性杆菌，大小为0.4微米×0.8微米，多数两个相连，极端单鞭毛或双鞭毛，有动力，无芽孢和荚膜，染色均匀；鱼害黏球菌菌体细长，柔软而易弯曲，滑行，菌体长短参差不齐，为2～26微米，弯曲如丝，粗细基本一致。

【病症】发病初期，尾柄处出现一白点，随着迅速向前蔓延，以至背鳍至臀鳍之间的体表全部发白。病情严重的鱼，往往头部向下、尾部向上倒垂水中。

【流行情况】白皮病是夏花鱼苗的主要疾病之一，特别是1月龄的鲢、鳙鱼苗较为常见。死亡率高，流行地区广，一般1龄以上的鱼患此病极为罕见。

【防治方法】

（1）用利福鱼康给病鱼药浴，每立方米水体用药1.5～2克，药浴1～2小时。

（2）彻底清塘。用溴海因或漂白粉全池泼洒，每立方米水体用溴海因0.2～0.3克或漂白粉1克。

（3）向病鱼池泼洒痢特灵，每立方米水体用药0.3～0.5克，有一定药效。

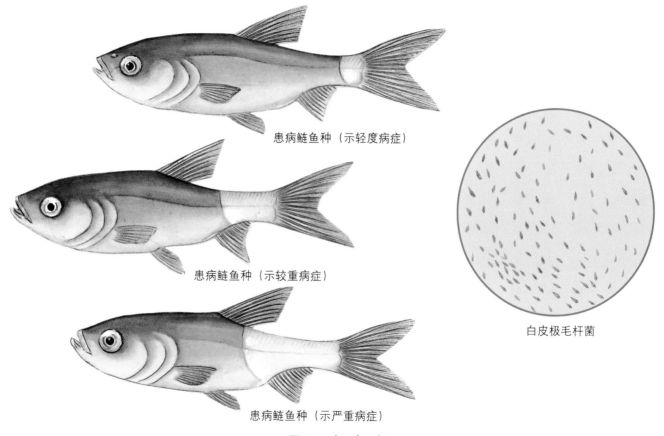

患病鲢鱼种（示轻度病症）

患病鲢鱼种（示较重病症）

患病鲢鱼种（示严重病症）

白皮极毛杆菌

图29 白 皮 病

30．鳗红点病

【病原】由鳗败假单胞菌引起。

【病症】病鱼体表出现点状出血，鱼体的上下颌、鳃盖、胸鳍基部、躯干部和腹部出血点最为明显。剖开鱼腹，可见腹膜上点状出血、瘀血，呈网状或斑块状，暗红色。肝、肾、脾肿大，肠壁充血，胃松弛。

【流行情况】病鱼食欲下降，若将病鱼放入容器内会激烈运动，在接触的容器上会发现白点。带菌的病鳗是该病的主要传染源。病菌从体表微小伤口处侵入而引起发病，主要危害鳗鲡。此病是经常暴发的疾病，如不及时治疗，就会造成鳗鲡的大批死亡。

【防治方法】

（1）保持良好的水质，用渔乐福全池泼洒，可以调节和改善水质。

（2）鱼种下塘前，用渔乐福稀释液浸泡10～20分钟（具体用法见产品说明书）。

（3）给病鱼投喂利福鱼康药饵，每千克饵料加药1.5～2克，连投5～7天。

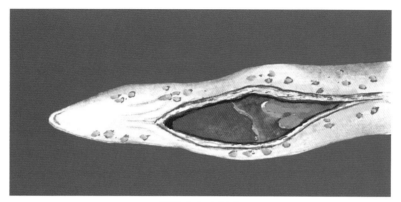

肝肿大瘀血严重

全身点状充血

图30　鳗红点病

31. 肿 胀 病

【病原】此病由多种细菌、病毒以及营养、水质等多种因素引起：①细菌有嗜水气单胞菌、费氏不动杆菌、豚鼠气单胞菌等；②病毒有疱疹病毒、鲤蠢病毒、鲫腹水病毒等；③营养因素有配制的饵料缺乏蛋白质、维生素E、硒等，引起鱼体血管渗透性改变，导致大量血浆外渗到腹腔而引发肿胀病；④水质污染因素有水体中有毒物质造成鱼类中毒，肝、肾等内脏器官受伤；肾性水肿和肝性腹水而引起肿胀病。

【流行情况】由于病原菌不同，感染对象也不同。嗜水气单胞菌感染异育银鲫、鲢、鳙、鲤等；费氏不动杆菌感染乌鳢；豚鼠气单胞菌感染鲇；疱疹病毒感染斑点叉尾鮰；鲤蠢病毒感染1龄以上鲤。肿胀病流行广，死亡率高，是危害养殖鱼类的主要疾病之一。

【防治方法】根据病因，采取针对性的防治措施。

（1）改善水质，为鱼类创造良好的生活环境。不投喂腐败变质的饵料，并注意鱼饵中营养全面，防止缺乏蛋白质、维生素E、硒等营养元素。

（2）在鱼饵中添加抗生素，如卡那霉素、庆大霉素等，防止暴发性感染。

（3）投喂利福鱼康药饵，每千克饵料用药1.5～2克，疗效显著。

（4）全池泼洒旺碘消毒剂，每亩水面（水深1米）时，若是治疗，用药125～160毫升；用于防治，用药100～120毫升。

（5）用止血康拌饵投喂，每千克鱼体重每天用药10～20毫升，连用5～7天。

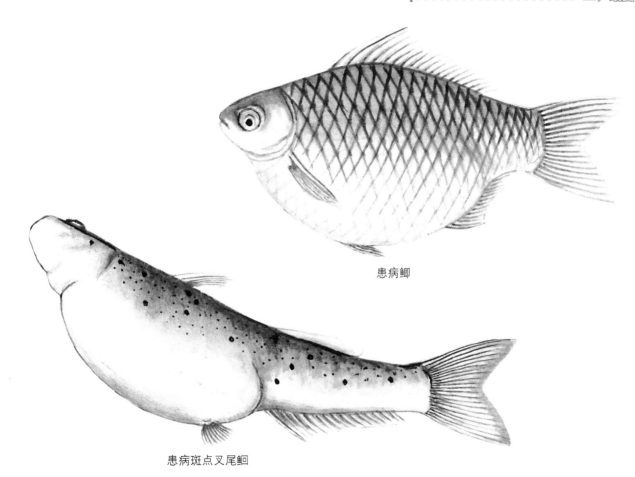

患病鲫

患病斑点叉尾鮰

图31 肿 胀 病

32．蛀鳍烂尾病

【病原】由一种未定名的细菌引起。

【病症】发病初期，病鱼的尾鳍边缘白色，继而腐烂而造成鳍条残缺不齐，有时鳍条骨间的结缔组织腐烂，只剩下鳍条骨，使鳍条呈扫把状。严重的病鱼，胸鳍、腹鳍和整个尾鳍腐烂掉。

【流行情况】该病主要危害金鱼，从幼鱼到成鱼都可患病，以大金鱼较为多见。一年四季都有发生，夏季往往引起病鱼死亡。水温较低时，整个鳍条腐烂但鱼仍存活，失去观赏价值。

【防治方法】

（1）用1%的呋喃西林涂抹鳍条破裂处，反复涂抹多次，再向水池中泼洒呋喃西林。水温20℃时，每立方米水体用药2克；水温20℃以上时，用药1～1.5克。

（2）如果鳍条腐烂一部分或残缺不齐，可修剪整齐，再涂上呋喃西林药液，反复几次，裂开的鳍条能愈合。通常经40～80天，鳍条再生，能使鳍条长好。治疗期间要加强饲养，以增强组织再生能力。

（3）向饲养水体泼洒利凡诺，每立方米水体用药1克。

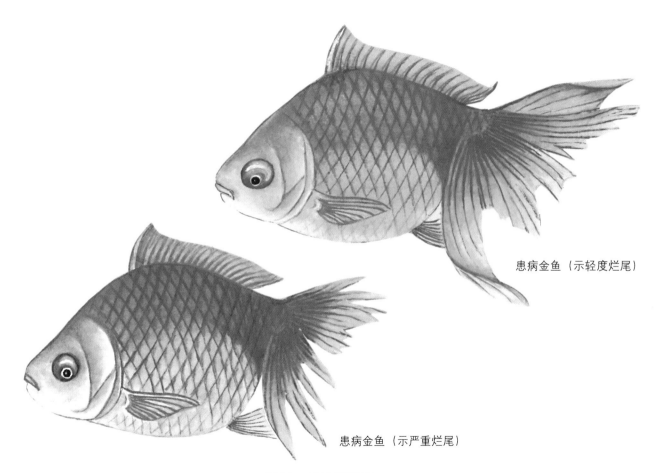

患病金鱼（示轻度烂尾）

患病金鱼（示严重烂尾）

图32　蛀鳍烂尾病

33. 腐鳍病

【病原】由一种杆菌引起。该杆菌与棕红杆菌、砖红杆菌等相似。革兰氏阴性杆菌，单个、两个或群集，非抗酸性，无动力，无芽孢，有荚膜。

【病症】患病泥鳅背鳍及其附近的肌肉腐烂，严重时背鳍可以全部腐烂，肌肉外露，鱼体两侧从头至尾部均出现浮肿，有红斑。患病其他鱼类一般症状是背鳍因组织坏死而逐渐缩小和腐损，只剩下鳍条骨外露。

【流行情况】腐鳍病在养殖鱼类中较为常见。许多饲养的经济鱼类和观赏鱼类都可能发生此病。因该病不会损伤其他内脏，所以不会出现暴发性死亡，主要危害泥鳅。

【防治方法】

（1）外涂碱性绿，可预防因鳍条腐烂造成水霉菌感染。

（2）用利福鱼康给病鱼药浴，每立方米水体用药25克，药浴1～2小时。

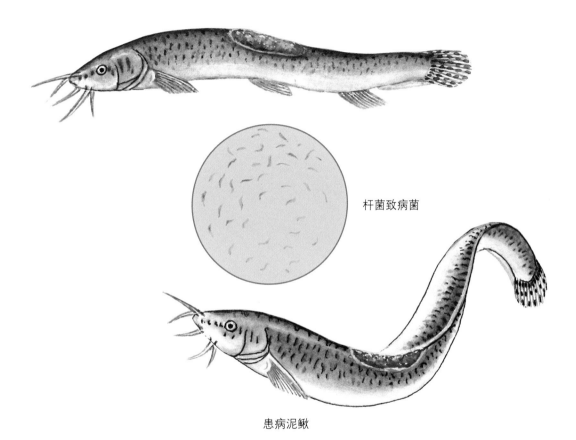

杆菌致病菌

患病泥鳅

图33 腐 鳍 病

34. 竖 鳞 病

【病原】由水型点状极毛杆菌引起。国外报道认为是一种循环系统的疾病，由于淋巴回流障碍而引起。

【病症】症状特点是体表粗糙，鳞片竖起像松球一样向外扩张，鳞片基部的鳞囊水肿，内面积聚着半透明或含血的渗出液，使鳞片竖起。在鳞片上稍加压力，就有液状物从鳞囊喷射出来，鳞片随之脱落。腹腔膨大有腹水，有时鳍基部和皮肤还伴有出血，眼球突出。病鱼游动迟缓，呼吸困难，如不及时治疗，不久就会死亡。主要危害金鱼，鲤、鲫也易患此病。

【防治方法】

（1）用2%的食盐水浸洗鱼体10～15分钟。

（2）用菌毒双杀（浓戊二醛溶液），每立方米水体用药40毫升，用水稀释300～500倍，全池泼洒，隔2～3天1次，连用2～3次。

（3）每50千克水中加入捣碎的大蒜250克，浸洗病鱼数次。

患病鲫背面观

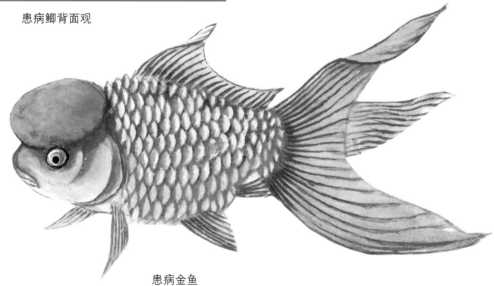

患病金鱼

图34 竖鳞病

35. 鳗赤鳍病

【病原】由嗜水单胞菌引起。此菌是革兰氏阴性短杆菌，极端单鞭毛，没有芽孢和荚膜，刚从病鱼体上分离的病菌常两个相连。

【病症】病鱼鳍条充血，胸部和腹部皮肤也充血，但有时濒死的鱼皮肤仍轻度充血，病鱼不吃食物，常靠近池壁静止不动，有时头部朝上，无力地"竖游"，多数病鱼在发病后几天内死亡。

【流行情况】此病主要由肠道感染。嗜水气单胞菌为条件性致病菌，当水质恶化、水温骤变或捕捞搬运鱼体受伤时，肠道上皮细胞发生退化性变化、脱落，这些物质成为细菌的很好营养，给嗜水气单胞菌大量繁殖创造 条件而引发此病。主要危害鳗鲡，鲤、鲫等也偶有感染。

【防治方法】

（1）每立方米水体用漂白粉1克全池遍洒。

（2）用广谱抗菌药——利福鱼康治疗。①做成药饵投喂，每千克饵料加利福鱼康1.5～2克；②给病鱼药浴，每立方米水体加利福鱼康25克，药浴1～2小时。

（3）每千克鱼体重用舒鳗1号0.1克拌饵投喂，每天投喂2次，连续7天。

病鱼腹部充血肿胀

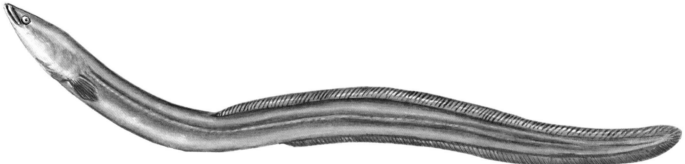

病鱼胸鳍、臀鳍及腹部充血

图 35 鳗赤鳍病

36. 鮰肠道败血病

【病原】由鮰爱德华氏菌引起。

【病症】此病分慢性型（头盖穿孔型）和急性型（肠道败血型）两种。慢性型表现为病菌从鱼体鼻根的嗅觉囊，再经嗅觉器官移行到脑，形成肉芽肿性炎症，后从头背颅侧部溃烂形成一个孔，病灶表现为一马鞍状的"头盖穿孔型"病症；急性型最为常见，病菌穿过肠黏膜，使鱼全身水肿、贫血和眼球突出等病症，腹部膨大，体表、肌肉充血或出血，鳃丝苍白，肌肉点状出血或斑块状出血。剖开鱼腹，内有大量腹水。肝、脾、胆均有不同程度肿大、出血，肠胃扩张，内无食物，肠道充满气体或积水。

【流行情况】鮰肠道败血病是鮰类鱼类的主要疾病之一。自1976年在美国首次发现该病以来，现已在我国养殖的斑点叉尾鮰中普遍流行。该病从鱼苗到成鱼均有暴发，流行水温在24～28℃。

【防治方法】

（1）鱼种放养前可用1%的聚维酮碘溶液稀释300倍后，浸泡鱼种10～15分钟。

（2）加强饲养管理，改善水体环境，注意放养密度，操作细致，勿使鱼体受伤。

（3）用利福鱼康做成药饵投喂，每千克饵料加药1.5～2克；或用利福鱼康给病鱼药浴，每立方米水体用药25克，药浴1～2小时。

（4）向发病鱼池泼洒二氯异氰脲酸钠，每立方米水体用药0.09～0.13克。每天1次，连用2天。

头顶腐烂露骨

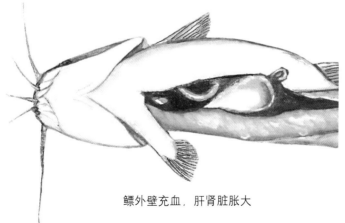

鳔外壁充血，肝肾脏胀大

图36 鮰肠道败血病

37. 罗非鱼细菌综合征

【病原】由荧光假单胞菌、爱德华氏菌和链球菌三种细菌感染引起。

【病症】病鱼大多数眼球突出，眼膜和眼珠混浊发白，眼眶充血，鳃盖或鳃盖内充血，鳍条基部充血腐烂，有时体侧和尾柄处出现疖疮。腹部内有积水，肠道充血、松弛，内有浅黄色黏液。肝、脾、肾脏肿大，充血呈暗红色。

【流行情况】此病主要危害罗非鱼，从幼鱼到成鱼均有发生。多出现在夏秋季，水温在25～30℃时患病率最高，是当前养殖罗非鱼的主要疾病之一。

【防治方法】

(1) 注意合理放养密度，加强饲养管理，保持池水水质清新。

(2) 每千克鱼饵料加利福鱼康1.5～2克，每天投喂1次，连续5～7天。

(3) 每千克鱼体重用土霉素3～5克拌饵投喂，每天1次，连续3～5天。

患病罗非鱼眼眶、鳃盖、鳍条充血，体侧，尾柄出现疖疮

图37　罗非鱼细菌综合征

38. 瞎 眼 病

【病原】由多种细菌引起，也有个别由寄生虫引起。

【病症】病鱼体色较黑且瘦弱。头部充血，眼睛呈鲜红色，有的病鱼眼球水晶体混浊，呈现出"白内障"症状，甚至眼球脱落，出现瞎眼现象。病鱼在水中烦躁不安，四处狂游，上跳下蹿，不久死亡。

【流行情况】瞎眼病在许多经济鱼类中均有流行。鲤、鲫、草鱼、青鱼、鲢、鳙、金鱼、黄颡鱼等均发现此病，观赏鱼类中的金鱼、锦鲤以及孔雀鱼等也有发生。在水质较差的污浊水域中，各种有害病菌大量繁殖滋生，有的病菌侵入鱼眼，便引发了瞎眼病。所以此病多发生在水质败坏的污染水域中流行。

【防治方法】

（1）鱼池中经常加注新水，保持水质清新。

（2）用1%的食盐水溶液浸洗鱼体15～20分钟。

（3）用聚维酮碘全池泼洒，每亩水面（水深1米）用药120～150毫升。

（4）用爱斯拉奇眼药水治疗（详见使用说明书）。

患病鲫

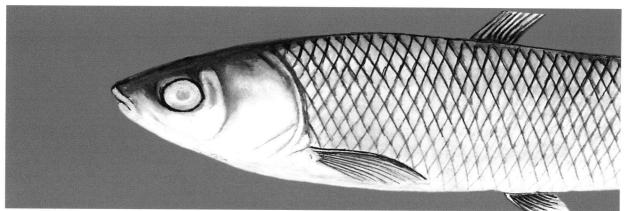

患病草鱼

图38 瞎 眼 病

三、原生动物引起的鱼病

39. 锥体虫病

【病原】锥体虫。锥体虫是鱼体血液中寄生的一种鞭毛虫。虫体狭长如叶状，从虫体后端的基粒中长出1根鞭毛，沿着身体组成波动膜，至前端游离成前鞭毛，椭圆形的胞核约位于虫体的中部。

【病症】病鱼身体瘦弱，严重感染的有贫血现象，但不会引起大批死亡。用吸管从鳃动脉或心脏吸1滴血，置于载玻片上，加入适量的生理盐水，盖上盖玻片，在显微镜上检查，可见虫体在血球间活泼而不大移动位置地跳动。

【流行情况】我国淡水鱼中发现的锥体虫有30多种，青鱼、草鱼、鲢、鳙、鲤、鲫、鳊、金鱼等鱼类均有感染。该病流行广，一年四季均有发生。

【防治方法】

（1）杀灭水蛭。水蛭是锥体虫的传播者，可用食盐水或硫酸铜溶液浸洗病鱼，也可用敌百虫杀死水蛭。

（2）对鱼种可用少量氨苯基胂酸铜拌入饲料中喂鱼，疗效较好，但此药有毒，不能用于食用鱼。

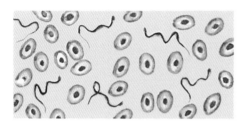

血液中的锥体虫

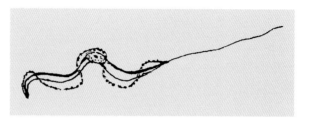

锥体虫

患病鲤（示从动脉中取血）

图39　锥体虫病

40．六鞭毛虫病

【病原】由六鞭毛属中的中华六鞭虫，鲴六鞭毛虫寄生而引起。六鞭毛虫体呈纺锤形或卵圆形，体长9～14微米、宽5～8微米。具4对鞭毛，前鞭毛3对，游离于虫体前端；后鞭毛1对，沿虫体向后伸延。活体游动迅速，大量寄生时，在低倍显微镜下观察像被惊扰的蚂蚁四散狂奔。

【病症】六鞭毛虫大多寄生在鱼的肠道内，以寄主的食物残渣为营养，不侵入寄主的肠道组织，只是在寄主患了严重性细菌肠炎或其他肠道病时，若加上此虫大量寄生，可促进病情更加恶化，仅起帮凶作用。病鱼体色变黑，常会有排黏液便现象，呈半透明黏膜状。解剖时可见肠道变薄失去弹性，肝、脾呈暗黄色。

【流行情况】六鞭毛虫寄主广泛，特别是在草鱼肠道内最为常见。在观赏鱼类养殖中，罗汉鱼、七彩神仙鱼等均发现六鞭毛虫寄生。以春夏之交最为流行。

【防治方法】

（1）改良水质，避免大量换水，稳定水体环境。

（2）用恩赫普丁、卡巴肿或卡巴肿氧化物治疗，每千克饵料中加药2克，做成药饵投喂，连续5～7天。

（3）因该病常与肠炎病并发，可内服磺胺甲基嘧啶，每千克鱼体重每天用药0.1～0.2克，3～6天为一个疗程。

（4）每立方米水体用"六鞭杀手"30克，2天后换水1/2，再追加相同的药量1次，连续3次，可治愈观赏鱼类的六鞭毛虫病。

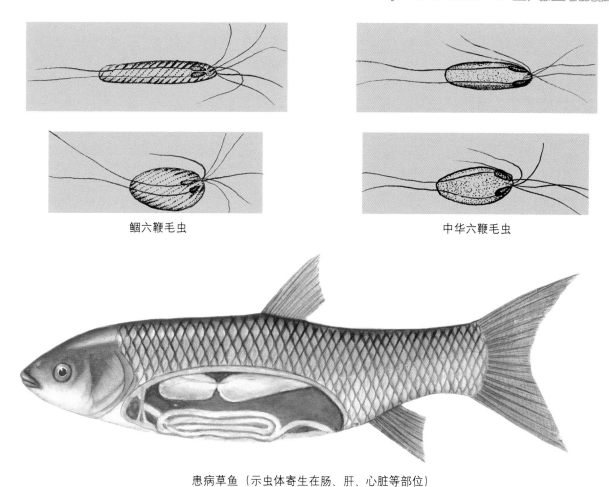

鲴六鞭毛虫   中华六鞭毛虫

患病草鱼（示虫体寄生在肠、肝、心脏等部位）

图40　六鞭毛虫病

41. 鳃隐鞭虫病

【病原】 由鳃隐鞭虫引起。虫体柳叶形，扁平，前端稍宽，后端较狭；从前端长出2根不等长鞭毛，1根向前叫前鞭毛，另1根沿着体表向后组成波动膜，伸出体外为后鞭毛。虫体中部有1个圆形胞核，胞核前有一形状和大小相似的动核。

【病症】 病鱼体色发黑，消瘦，在池边离群独游，大量寄生时能破坏鳃片上皮细胞和产生凝血酶，使鳃小片血管堵塞黏液增多，严重时可出现呼吸困难。病鱼聚集水面，几天内可出现大批死亡。诊断可剪下第1片鳃的部分鳃丝，放在载玻片上，加上一小滴普通水。在显微镜下观察，可见虫体成群聚集在鳃丝的两侧，用后鞭毛插入鳃表皮细胞，虫体不断自由摆动波动膜，使身体缓缓地摆动。

【流行情况】 绝大部淡水鱼均能感染鳃隐鞭虫病，尤其池塘养殖鱼类更为常见。但引起大批死亡的情况少见，主要发生在草鱼的鱼苗、鱼种阶段。每年的6～10月为流行季节，长江流域和南方为主要疫区，冬季越冬鱼池的鲢、鳙也常有大量此虫寄生，但不会引起死亡。

【防治方法】

（1）鱼种放养前，用硫酸铜溶液洗浴20～30分钟，每立方米水体用药8克。

（2）鱼种放养前，也可用1%～2%的食盐水浸洗鱼体10～20分钟。

（3）每立方米水体用0.5克硫酸铜和0.2克硫酸亚铁合剂，全池遍洒。

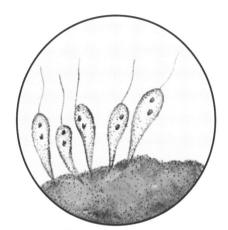

寄生在鳃上附着情况

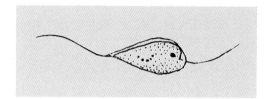

鳃隐鞭虫

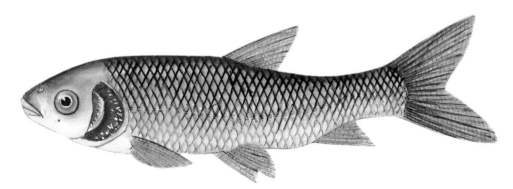

患病草鱼种

图41　鳃隐鞭虫病

42．鱼波豆虫病

【病原】 由飘游鱼波豆虫引起。虫体侧面观呈卵形或椭圆形，侧腹面观像汤匙。腹面有1条纵的口沟，从口沟的前端长出2条大致等长的鞭毛，圆形胞核位于虫体中部，胞核后有1个伸缩胞。

【病症】 鱼波豆虫是侵袭鱼体皮肤和鳃的寄生虫，皮肤上大量寄生后用肉眼仔细观察，可辨认出暗淡小斑点，皮肤上形成一层蓝灰色黏液。被鱼波豆虫穿透的皮肤表皮细胞坏死，细菌和水霉容易侵入，引起溃烂。感染鳃小片上皮细胞坏死、脱落，使鳃丧失正常功能，呼吸困难，漂浮水面，不久即死亡。刮下表皮黏液或剪下部分鳃丝，加1滴水，盖上玻片，在显微镜下可见虫体在做挣扎状颤动。

【流行情况】 此病在全国各地均有发现，多半出现在面积小、水质较脏的鱼池和水族箱中。主要危害青鱼、草鱼、鲢、鳙、鲤、鲫和罗非鱼、金鱼等。以鱼苗、鱼种最为严重，可在数天内引起大批死亡。对2龄以上的鱼虽有感染，但死亡率不大，只是影响其生长发育，亲鱼还会把病传给其鱼卵和鱼苗。流行季节为冬末至初夏，高温季节不大出现。

【防治方法】

（1） 每立方米水体用硫酸铜8克，浸洗鱼种20～30分钟。

（2） 每立方米水体用0.5克硫酸铜和0.2克硫酸亚铁合剂，全池遍洒。

（3） 每立方米水体用2克甲基蓝全池泼洒，对防治鱼波豆虫病有一定效果。

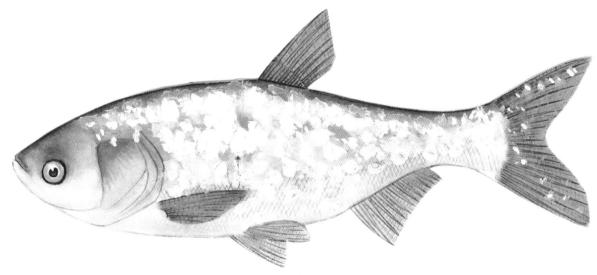

患病白鲢

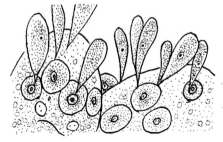

固着在鳃组织中的虫体

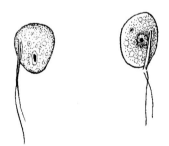

鱼波豆虫

图42 鱼波豆虫病

43. 变形虫病

【病原】 由鲩内变形虫引起。虫体淡灰色，运动活泼，胞质分内外两层，内质比较浓密，具细小空泡，外质透明，能不断伸出叶状伪足，使虫体向前推进。细胞核透明，圆形。当环境不良时，伪足消失，体积变小，不动也不摄食，分泌一层薄膜把身体包围，形成胞囊，随寄主粪便排出体外，被鱼吞食而传染。

【病症】 病情严重的鱼后肠形成溃疡，由于肠黏膜组织遭到破坏，充血发炎，轻压腹部，即出现淡黄色黏膜，这些情况虽与细菌性肠炎相似，但肛门不发红。剖开鱼腹，刮取一点后肠黏膜黏液，在高倍显微镜下即可见鲩内变形虫，还往往有中华六鞭毛虫或鲩肠袋虫出现。

【流行情况】 此病主要危害草鱼，孔雀鱼、金鱼等观赏鱼也有发生。变形虫一般寄生在鱼的后肠，长江流域及南方各省均有发现，春秋两季感染率比较高，常与细菌性肠炎病并发流行。

【防治方法】

（1）鱼种放养前用生石灰清塘，以杀灭落在水中的胞囊。

（2）加强饲养管理，防止有病原的水体流入。

（3）用硫磺粉拌饵喂鱼，每50千克鱼体重用药50克，每天1次，连续4天。

变形虫营养体

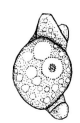

变形虫胞囊期

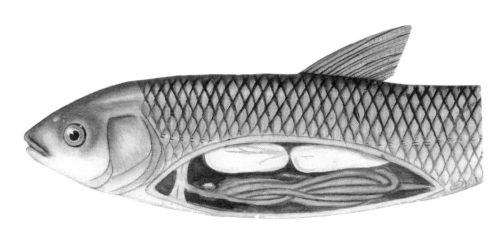

患病草鱼肠道充血发炎

图43　变形虫病

44. 球 虫 病

【病原】由艾美虫属许多种类引起，此病又称艾美虫病。引起青鱼球虫病的病原体为青鱼艾美虫和陈氏艾美虫，卵囊为球形，成熟的卵囊内有4个孢子，每个孢子内有2个孢子体。艾美虫有无性繁殖和有性繁殖，均在同一寄主内进行和完成，无中间寄主。

【病症】少量感染，不显症状；严重感染的病鱼，鳃瓣苍白色，腹部膨大。病鱼体色发黑，失去食欲，游动缓慢而死亡。剖开鱼腹，剪开肠道，前肠的肠壁上有许多白色小结疖，肠管特别粗大，比正常的大2～3倍。在显微镜下从这些小结疖中，即可看到由艾美虫的卵囊群集而成，严重时肠壁溃烂穿孔，肠壁外也可形成结疖状病灶，肝组织里也有虫体寄生，使肝功能受损。

【流行情况】球虫主要寄生于鱼的肠道，严重的肝、胆囊、肾等器官也有寄生。1龄以上的青鱼往往被侵害而引起死亡，江浙一带青鱼养殖地区此病流行甚广，2～3龄青鱼常因此病而遭受严重损失。

【防治方法】

(1) 彻底清塘消毒，杀灭池底的孢子可预防此病。

(2) 用硫磺粉（每50千克鱼体重用药50克）或用干豆饼（每千克体重加药40克）伴鱼饵中喂鱼，每天1次，连续4天。

青鱼艾美虫的卵囊

患病青鱼的肠道上有许多白色结疖病灶

图44　球虫病

45. 鲢碘泡虫病

【病原】由鲢碘泡虫引起。鲢碘泡虫孢子为椭圆形或倒卵形，前宽后稍狭，孢子长 10.8～13.2 微米、宽 7.5～9.6 微米。2 个梨形极囊大小不等，大极囊倾斜地位于孢子前方，长 5.6～6 微米、宽 3.5～3.6 微米；小极囊与纵轴接近平行，嗜碘泡明显。

【病症】病鱼极度消瘦，体色暗淡丧失光泽，尾巴上翘，在水中狂游乱窜，打圈子或钻入水中，时而跳出水面似疯狂状态，故又称疯狂病。病鱼肉有严重腥味，丧失商品价值。取病鱼的嗅球，脑颅腔的淋巴液在显微镜下压片观察，可见大量成熟孢子或带单核的营养体。剖开鱼腹，肝、脾萎缩，腹腔积水，肠内无物。

【流行情况】主要危害 1 龄以上的鲢，使鲢成鱼丧失商品价值，并可引起严重死亡。全国各地均有发现，无论是池塘、水库、江河湖沼都有该病流行，为当前严重的流行病之一。

【防治方法】

（1）每亩用 125 千克生石灰彻底清塘，杀灭淤泥中的孢子，以减少该病的流行。

（2）鱼种放养前，用高锰酸钾浸洗，每立方米水体用高锰酸钾 20 克，浸洗 30 分钟，能杀灭 60%～70% 的孢子。

（3）每年 6～9 月，处于营养体阶段的孢子可用敌百虫粉剂全池泼洒，每立方米水体用药 5～10 克，每 15～30 天泼洒 1 次，可降低感染率。

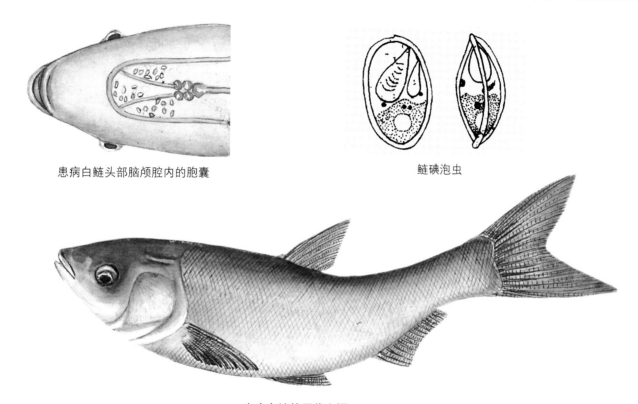

患病白鲢头部脑颅腔内的胞囊   鲢碘泡虫

患病白鲢的尾往上翘

图45　鲢碘泡虫病

46. 鲮碘泡虫病

【病原】 由野鲤碘泡虫、佛山碘泡虫寄生引起。佛山碘泡虫的虫体壳片内前端有2个瓶状极囊，内有螺旋形极丝，细胞质内有2个胚核和1个明显的嗜碘泡。孢子椭圆形，极囊棍棒状，大小相等，孢子长11.3微米、宽0.3微米；极囊长5.71微米、宽2.62微米。而野鲤碘泡虫的孢子为长卵形，长10.8～12微米、宽8.4～9.0微米，极囊长4.2～4.6微米、宽2.4～3.2微米。

【病症】 鲮的夏花阶段体表及鳃被野鲤碘泡虫大量侵袭，形成许多灰白色点状或瘤状胞囊，尤其是体表为甚，幼小的鲮不但皮肤组织遭破坏，且因大量胞囊分布全身，特别在鱼体后半部及尾柄上，使幼鱼负担过重，失去平衡，影响游动和摄食，日益消瘦而死亡。佛山碘泡虫主要寄生在鲮的鱼种阶段，同样对鲮的生长发育有严重影响。取体表或鳃丝上的部分胞囊，在显微镜上压成薄片观察，可发现大量碘泡虫的孢子。

【流行情况】 野鲤碘泡虫寄生在鲮的夏花阶段；佛山碘泡虫寄生在鲮的鱼种阶段。少量寄生不引起疾病，但若大量寄生，会引起严重的流行病。在鲮的鱼苗、鱼种阶段，往往被野鲤碘泡虫、佛山碘泡虫大量寄生而暴发鱼病。尤其在鲮鱼种越冬期间，出现肉眼可见的瘤状胞囊，多为此病流行。我国南北地区均有发现，是一种广泛性的鱼类流行病。

【防治方法】

（1）彻底清塘消毒，在一定程度上可抑制其孢子大量繁殖，减少此病发生。

（2）鱼种放养前，每立方米水体用高锰酸钾20克，搅拌使之充分溶解，浸洗鱼种30分钟，能杀死鱼体鳃丝上胞囊中的孢子，防止此病的流行。

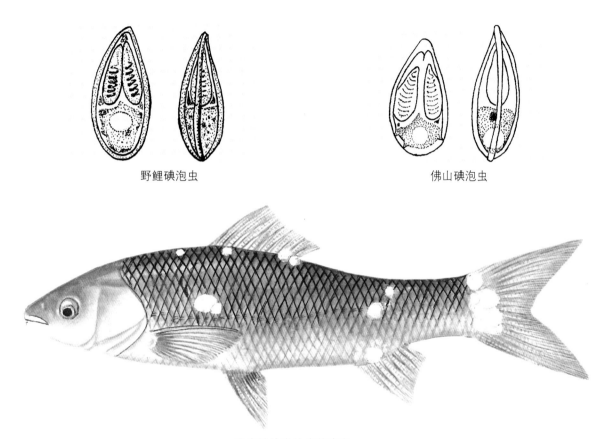

野鲤碘泡虫   佛山碘泡虫

患病鲮体表的瘤状胞囊

图46　鲮碘泡虫病

47．草鱼饼形碘泡虫病

【病原】由饼形碘泡虫寄生引起。孢子椭圆形，内有2个卵形极囊和1个明显的嗜碘泡。孢子长4.8～6微米、宽6.6～8.4微米；极囊长3～3.2微米、宽1.4～2.4微米。

【病症】病鱼身体发黑，腹部稍膨大。若病鱼大量寄生此虫时，可引起鱼体弯曲，剖开肠道，前肠形成大量胞囊，肠壁糜烂成浮白色。从肠壁取出少量黏液，在显微镜下压片观察，可见大量成熟孢子。病鱼肠黏膜严重损坏，消化和吸收功能受损，导致大批死亡。

【流行情况】草鱼饼形碘泡虫病在两广地区广泛流行，4～8月在草鱼鱼种阶段短期内暴发，死亡率可达80%。

【防治方法】

（1）用生石灰彻底清塘消毒，减少病原。并合理稀放，使鱼种快速成长，以健壮的鱼体来抵抗病原的侵袭。

（2）每50千克饲料加30克晶体敌百虫（90%），拌饵投喂，每天1次，连喂3天。

（3）每万尾草鱼种，用盐酸左旋咪唑10～20克均匀拌入饵料内，制成适口饲料投喂。每天1次，连续3～5天。

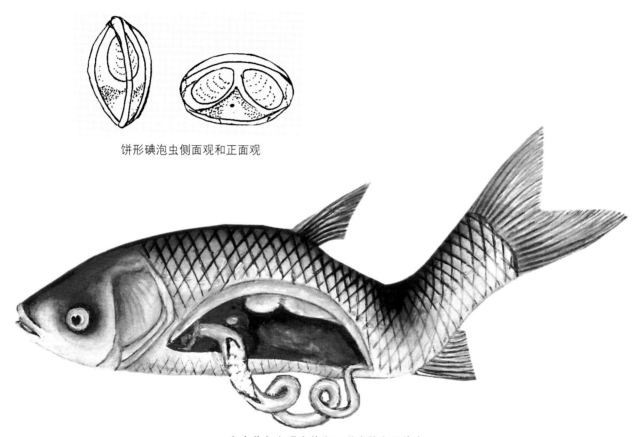

饼形碘泡虫侧面观和正面观

患病草鱼出现弯体和肠道内的大量胞囊

图47　草鱼饼形碘泡虫病

48. 鲫、银鲫碘泡虫病

【病原】鲫碘泡虫病由圆形碘泡虫寄生引起；银鲫碘泡虫病由鲫碘泡虫和库斑碘泡虫寄生而引起。圆形碘泡虫孢子近圆形，前端有2个粗壮的棍棒状极囊，嗜碘泡明显。孢子长9.4～10.8微米、宽8.4～9.4微米；极囊长4.6～5.8微米、宽2.6～3.4微米。鲫碘泡虫孢子为椭圆形，缝脊直而显著，孢子长12.6～14.4微米、宽9.8～12.6微米；极囊茄形，呈八字形排列，长5.9～6.4微米、宽2.7～3.6微米，有1个大嗜碘泡。

【病症】患鲫碘泡虫病的鲤、鲫、金鱼等吻部及鳍条上，可见大大小小的乳白色圆形胞囊，小的如针头大，大的可达0.2厘米，一条鱼多的可达数百个，使人望而生畏，从而失去商品和观赏价值；患银鲫碘泡虫病的病鱼头后颈部两侧有1对瘤状大胞囊，大小可达2.5厘米×2.2厘米，表面肿胀，有的肌肉溃烂，病灶处鳞片往往呈竖鳞状。

【流行情况】鲫碘泡虫病主要危害鲤、鲫、金鱼等。全国各地均有发现，南方较常见。银鲫碘泡虫病主要危害1龄的东北银鲫和鲤鲫杂交的异育银鲫，在江浙一带发病率最高，可达20%～30%，严重的达40%以上，常在夏末秋初流行。

【防治方法】

（1）用生石灰彻底清塘消毒，杀灭池中孢子可预防发病。

（2）每立方米水体用0.3克晶体敌百虫（90%）全池泼洒，隔天1次，连用3次，有明显效果。

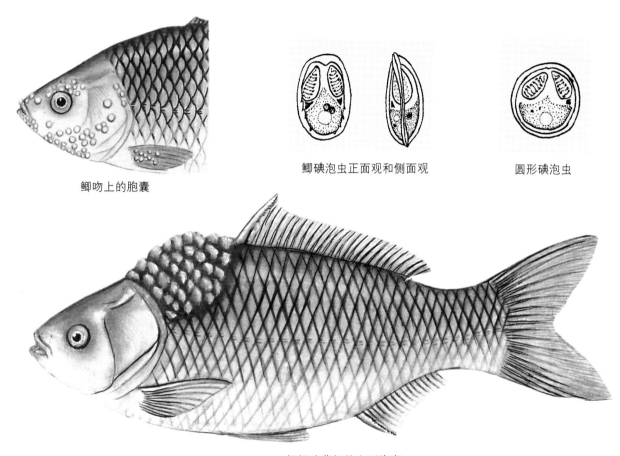

鲫吻上的胞囊

鲫碘泡虫正面观和侧面观

圆形碘泡虫

银鲫头背部的大型胞囊

图48 鲫、银鲫碘泡虫病

49. 黄颡鱼碘泡虫病

【病原】由歧囊碘泡虫寄生引起。孢子卵形，前端尖后端圆钝，缝脊直而粗，2个极囊大小不等，有1个明显的嗜碘泡。孢子长12.8微米、宽9.6微米；大极囊7微米×3微米，小极囊6.7微米×2.4微米。

【病症】孢子进入鱼体后，在黄颡鱼的各个鳍端形成大小不等的胞囊，或是重叠的灰白色胞囊，从0.2厘米到2厘米不等，背鳍上的胞囊常可达10余个，胸、腹、臀、尾鳍也有大小和数量不等的胞囊，严重影响鱼的游动和摄食。

【流行情况】此病主要在黄颡鱼中出现，大量死亡的情况虽少有发生，但对鱼的生长发育造成严重危害。我国南北各地均有此病流行。

【防治方法】

（1）用生石灰清塘消毒，预防该病发生。

（2）用晶体敌百虫（90%）全池泼洒，每立方米水体用药0.3克。发病期隔天1次，连续3次。

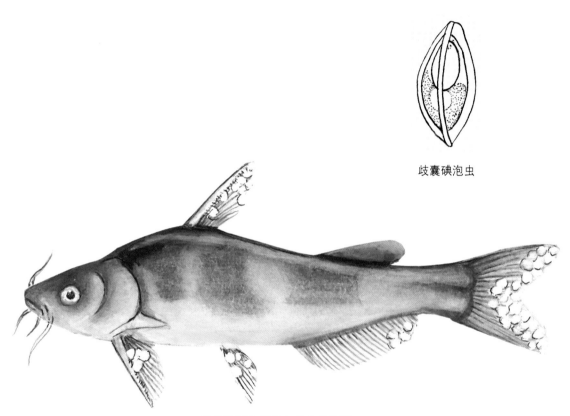

歧囊碘泡虫

患病黄颡鱼鳍条上的大量胞囊

图49 黄颡鱼碘泡虫病

50．异形碘泡虫病

【病原】由异形碘泡虫寄生引起。在鳙的鱼苗、鱼种鳃上形成针头大小的白色胞囊。孢子椭圆形，缝脊直而明显，2个梨形极囊大小不等，彼此有一定距离，有1个明显的嗜碘泡。孢子长9.6～12微米、宽7.2～9.6微米；大极囊长4.8～5.4微米、宽3～3.6微米，小极囊长3.5～4.2微米、宽1.3～3微米。

【病症】病鱼离群在岸边游动，鱼体瘦弱，头大尾小，背似刀刃，肋骨明显，体表失去光泽。鳃盖两侧常充血，鳃丝紫红，上面有许多针头状胞囊。

【流行情况】主要危害鳙的鱼苗、鱼种，感染率和感染的强度都很大。此病在长江流域及南方各省均有发现，5～8月为发病期，在低氧的池塘中很易引起死亡。

【防治方法】

（1）用生石灰彻底清塘，可预防此病。

（2）每立方米水体用晶体敌百虫（90%）0.3克，全池遍洒，隔天1次，连续3次，有明显效果。

（3）每亩水面（水深1米）第一天用水孢灵50毫升，第二天用暴血停200毫升，全池泼洒。病情严重的再用1次水孢灵泼洒，疗效显著。

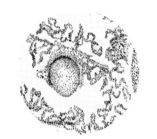

病鱼鳃丝切片

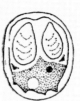

异形碘泡虫侧面和正面观

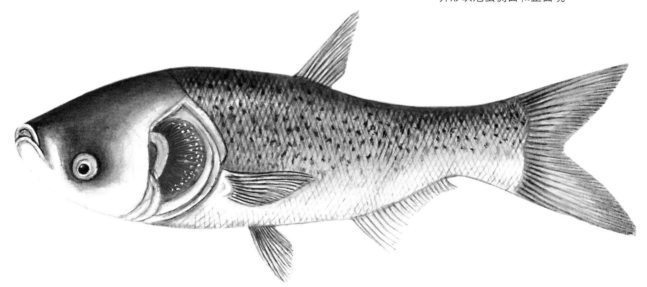

患病鳙鳃上的胞囊

图50　异形碘泡虫病

51. 时珍黏体虫病

【病原】 由时珍黏体虫寄生引起。孢子长椭圆形，缝脊直，2个茄形极囊大小相等，胞质内无嗜碘泡。孢子长9.8～11.3微米、宽7.2～7.8微米；极囊4.8微米×2.5微米。

【病症】 时珍黏孢子虫在白鲢体内各器官中都能形成胞囊，但以腹腔为最集中，大量的块状胞囊使整个腹腔膨胀，使病鱼成为大肚子，鱼体瘦弱，游动缓慢，平衡力差，有时在水中打转，逐步死亡。

【流行情况】 以2龄白鲢发病率最高，在广东、湖北等地大量流行，成为鱼类养殖中严重的病害之一。

【防治方法】

（1）用生石灰彻底清塘消毒，以减少病原体。

（2）用孢虫净消毒（按使用说明书），连用2天。

（3）用孢虫净拌饵喂鱼，每100千克鱼用药1千克，连喂3～5天，均能起到良好的治疗效果。

（4）每100千克鱼体重每天用200～400克盐酸左旋咪唑拌饵投喂，连喂20～25天。

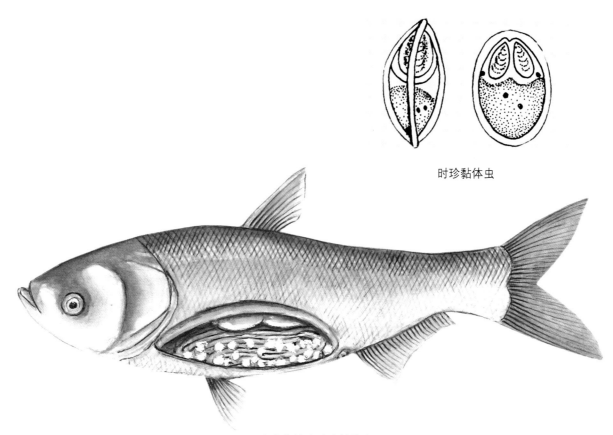

时珍黏体虫

患病白鲢腹腔中的胞囊

图51　时珍黏体虫病

52．中华黏体虫病

【病原】由中华黏体虫寄生引起。孢子圆形，前方稍尖、后方钝圆，缝脊直，孢子长 8 ～ 12 微米、宽 8.4 ～ 9.6 微米；2 个梨形极囊同等大小，长 4.2 ～ 5 微米、宽 2.4 ～ 3 微米，无嗜碘泡。

【病症】病鱼外表症状往往不明显。剖开鱼腹，肠外壁上即可见到芝麻状的乳白色胞囊，剪开肠道，内壁胞囊数量更多，取出胞囊内少许内含物置于显微镜下观察，即可见到中华黏体虫成熟孢子。

【流行情况】中华黏体虫病又称肠道白点病。主要寄生在 2 龄以上的鲤肠的内外壁上，对鲤的生长发育影响较大。全国各地均有发现，长江流域及南方各省感染率较高。

【防治方法】

（1）彻底清塘，改善水质，减少孢子感染。

（2）每 100 千克鱼体重每天用 200 ～ 400 克盐酸左旋咪唑拌饲料喂鱼，连续 20 ～ 25 天。

（3）每万尾鱼种用硫磺粉 75 克拌饵投喂，每天 1 次，连续 8 天。

中华黏体虫

患病鲤肠内壁寄生大量胞囊

图52 中华黏体虫病

53．鲮单极虫病

【病原】由鲮单极虫寄生引起。孢子狭长瓜子形，前端逐渐尖细、后端钝圆，缝脊直。孢子长 26.4～30 微米、宽 7.2～9.6 微米；棍棒形极囊占孢子的 2/3～3/4，长 16.2～19.2 微米、宽 6.6～7.2 微米，胞质内有 1 个明显的嗜碘泡。孢子外常围着 1 个无色透明的鞘状胞膜，长 39.6～42 微米。

【病症】病原体经过血液循环到鱼鳞下的鳞囊中生长、发育、繁殖，形成一个个椭圆形扁平胞囊，往往使鳞片竖起，最大的胞囊可像乒乓球大小。严重的病鱼，大部分鳞片下都有鲮单极虫胞囊，胞囊把鱼体两侧的鳞片竖起，病鱼在池边缓慢游动，那种竖鳞的病态，使人望而生畏，失去商品价值。主要在 2 龄以上的鲤、鲫、镜鲤、鲤鲫杂交种出现此病，虽不会因该病暴发大批死亡，但影响鱼的生长发育，降低商品价值。

【流行情况】此病主要危害鲤、鲫及镜鲤等。长江流域一带颇为流行，一年四季均有发生，给渔业带来严重损失。

【防治方法】

（1）彻底清塘消毒，杀灭病原体。

（2）用晶体敌百虫全池泼洒，每立方米水体用药 0.5～0.7 克，隔 1～2 天泼 1 次，连泼 3 次。

（3）每千克鱼饲料中加晶体敌百虫 1 克或盐酸左旋咪唑 0.1～0.2 克，连喂 5～7 天。同时，外泼晶体敌百虫，内外并治，防治效果更好。

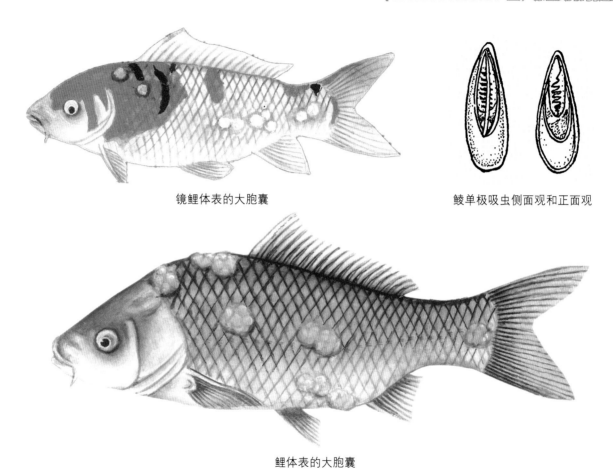

镜鲤体表的大胞囊

鲮单极吸虫侧面观和正面观

鲤体表的大胞囊

图53　鲮单极虫病

54. 鳅单极虫病

【病原】由鳅单极虫寄生引起。孢子梨形，前端尖后端钝圆。缝脊直而粗。前端有1个短棒状极囊，长约占孢子长的1/2，极丝清楚，嗜碘泡明显。孢子长12～13.8微米、宽7.2～7.8微米；极囊长6.0～7.2微米、宽2.6～3.4微米。

【病症】在鲮的尾鳍上出现淡黄色胞囊，胞囊重叠不规则状，大小为2～3毫米。鳅单极虫还可寄生在鲮鼻腔内，形成1～2毫米的胞囊，像在鼻腔了开了朵花。

【流行情况】这是华南地区出现的鱼病，现在湖南也有养殖鲮的地方随之而入。主要危害鲮的鱼苗、鱼种，严重的病鱼尾鳍组织遭破坏，最后坏死脱落。流行季节为5～8月。

【防治方法】

（1）彻底清塘，可预防此病。

（2）用高锰酸钾浸洗病鱼，每立方米水体用药20克，充分溶解后，浸洗病鱼20～30分钟。

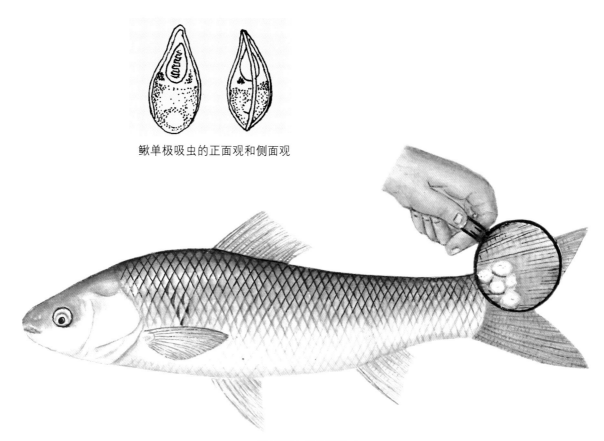

鳅单极吸虫的正面观和侧面观

鲮尾鳍上的胞囊放大

图54 鳅单极虫病

55．吉陶单极虫病

【病原】 由吉陶单极虫寄生引起。成熟孢子梨形，外包一层薄膜鞘，极囊瓶状，约占孢子的2/3。孢子本体连鞘长31～35微米、宽12～17微米；孢子本体长23～29微米、宽8～11微米；极囊长14～18微米、宽6～9微米。胞质内有1个明显的嗜碘泡。

【病症】 吉陶单极虫在散鳞镜鲤肠道中形成大型胞囊，使肠膨大变薄，外表看腹部较隆起。剖开病鱼，腹腔积水较多，为一种淡黄色的黏液。肝脏苍白，生殖腺比正常发育的鱼要小，中肠有些部位明显膨大凸出，肠壁变薄而透明。剪开肠壁，内有许多大型胞囊，粘连或不粘连的挤成一团，取出少许压成薄片在显微镜下观察，可见大量吉陶单极虫。

【流行情况】 此病主要发生在成鱼的鲤、散鳞镜鲤中，病鱼在池边独游，行动迟缓，不怕人惊动。食欲减退，不久缓慢地死亡。此病无明显的流行季节，一年四季均可发现。

【防治方法】

（1） 用生石灰彻底清塘消毒。

（2） 冲注新水，改善水质。

（3） 用硫磺粉拌饲料喂鱼，每100千克饲料中加入硫磺粉75克，连喂7天。

（4） 用硫酸铜、硫酸亚铁合剂泼洒杀虫，每立方米水体用硫酸铜0.5克、硫酸亚铁0.2克。3天后再泼洒1次。

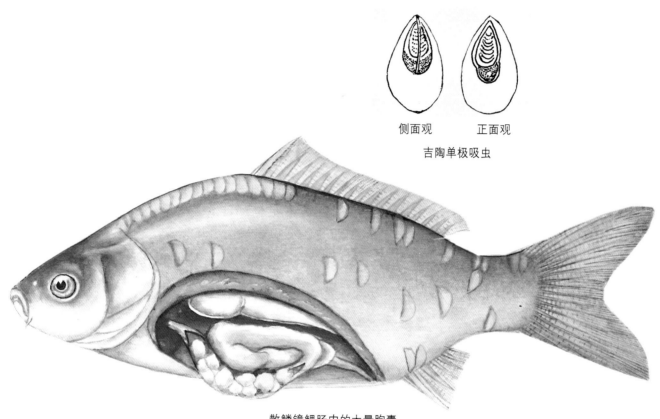

侧面观　　正面观

吉陶单极吸虫

散鳞镜鲤肠内的大量胞囊

图55　吉陶单极虫病

56．四极虫病

【病原】由鲢四极虫寄生引起。鲢四极虫的营养体为圆形，直径19.8～22.5微米，每个营养体发育成1个孢子。孢子球形，一端有4个形状和大小相等的球形极囊，无嗜碘泡，缝脊直。壳片有8～10条与缝脊平行的雕纹。孢子长0.8～11.6微米、宽9.2～10.6微米；极囊长3.4～3.7微米、宽3～3.3微米。

【病症】病鱼瘦弱，有的体色发黑，眼圈出现点状充血或眼球突出，鳍基部和腹部变成黄色，成为"黄疸症"。有的病鱼有水霉和斜管虫并发，造成大批死亡。解剖可见病鱼肝呈浅黄色或苍白，胆囊膨大，充满黄色或黄褐色胆汁，肠内充满黄色黏液。有的病鱼体腔积水，胆囊内的四极虫感染强度较大，可达30余条。

【流行情况】此病主要危害越冬的鲢鱼种，同池饲养的鲤、草鱼种等均未发该病。鲢四极虫病在东北最为流行，多发生在越冬后期4、5月，引起大规模鲢鱼种死亡。也有报道，在鲑养殖中流行鲑四极虫病。

【防治方法】

（1）用生石灰彻底清塘，能杀灭池底淤泥中的孢子。

（2）用亚甲蓝拌饵喂鱼，每千克饲料中加药0.5～1克，能有效降低病鱼死亡率。

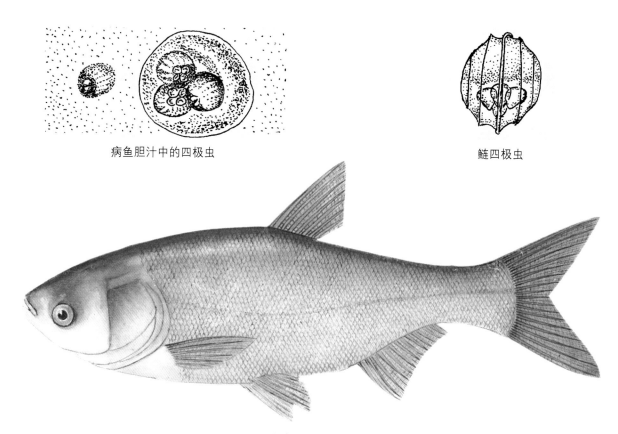

病鱼胆汁中的四极虫

鲢四极虫

患病白鲢腹部发黄

图56 四极虫病

57. 尾孢虫病

【病原】乌鳢体表寄生的一般为中华尾孢虫；鳜鳃上寄生的为微山尾孢虫。中华尾孢虫的孢子长梨形，前端稍狭、后端略宽，缝脊直而细，壳片后端延长为2根等长的针状尾巴，叉状分开。2个球棒状极囊大小相同，有嗜碘泡。微山尾孢虫的胞囊圆形或呈瘤状，白色，为几个椭圆形小胞囊相互聚集在一起而成，周围包一层较薄的结缔组织，孢子呈纺锤形，前端尖狭而突出，缝脊直而细，壳片向后延伸而成的尾部，前宽后细弱如丝，2个梨形极囊大小相同，有1个大嗜碘泡。

【病症】乌鳢鳍条间出现连片淡黄色胞囊，鱼体瘦弱发黑。鳜鳃上为瘤状或椭圆形胞囊，引起鳃充血、溃烂。

刮下乌鳢鳍上少许胞囊或取出鳜鳃上、蟾胡子鲇体表胞囊内含物在显微镜下压片检查，可以观察到病原的虫体。

【流行情况】尾孢虫病全国各地均有发现，尤以华南和长江流域一年四季都有出现，在乌鳢、鳜和胡子鲇等鱼苗、鱼种中流行，严重时可引起大批死亡。流行季节为5～7月。

【防治方法】

(1) 用生石灰彻底清塘，可杀灭病原体。

(2) 病鱼体表、鳃和鳍条上的尾孢虫可用晶体敌百虫(90%)全池泼洒，每立方米水体用药0.3克，隔2天再泼洒1次。

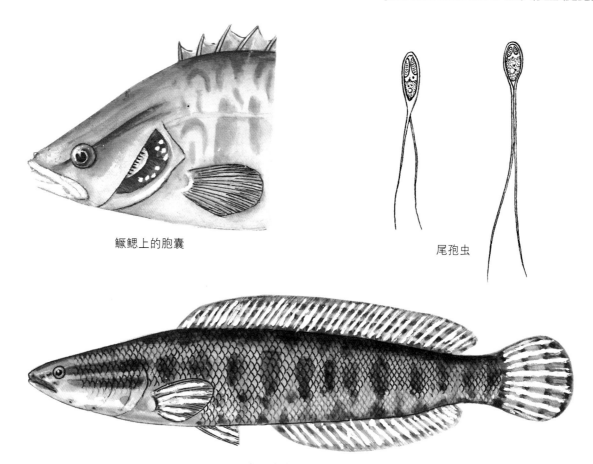

鳜鳃上的胞囊

尾孢虫

患病乌鳢鳍条上有大量胞囊

图57　尾孢虫病

58．足孢虫病

【病原】 由斜颌鲴足孢虫寄生引起。孢子钟状，前端稍尖、后端钝圆，两侧各长出1片不太明显皱褶，近似长方形薄膜状突出物，形状和大小基本相同，呈八字形向后伸出。缝脊粗而直。孢子长6.2～7.7微米、宽7.3～8.1微米；2个大小一样的圆形极囊，位于孢子前端缝脊两侧，极囊直径2.4～2.5微米。

【病症】 病鱼体表无明显症状，但感染率高的鱼性腺发育不良，不能用作亲鱼。剖开鱼腹部可见灰白色圆球状胞囊，比卵粒稍大，分布在卵巢表面或深处，有的在结缔组织之间。由于不透明之故，很易与透明的卵粒区别出来。取出少许胞囊内含物，在显微镜下可见大量斜颌鲴足孢虫。

【流行情况】 主要感染2～4龄雌性细鳞斜颌鲴的卵巢，此病在安徽省最为流行，无论是来自湖泊、水库或池塘性成熟的细鳞斜颌鲴雌性亲鱼，多有此病感染，严重影响催产率。发病季节为5～7月，5月中旬至6月中旬为高峰期。病情暴发性出现，但随即又很快自然消失，不治而自愈。

【防治方法】 用生石灰清塘，改善水质，有一定预防效果。目前，尚未研究出有效的防治方法。

斜颌鲴足孢虫

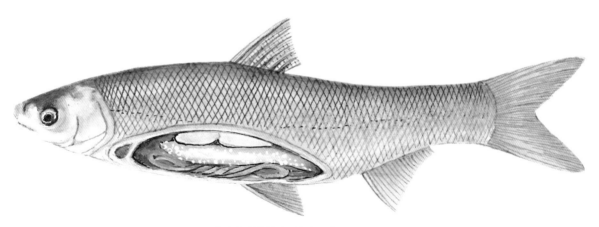

患病细鳞斜颌鲴性腺上有大量胞囊

图58 足孢虫病

59. 微孢子虫病

【病原】 在草鱼、青鱼、鲢、鳙、鲤、鲫、鳊及乌鳢、斑鳢上的病原多为赫氏格留虫；在鲌性腺上寄生的为长丝匹里虫。赫氏格留虫孢子长3～6微米、宽1～4微米；前端有1个极囊，并有极丝但不清楚，另一端有1个液泡。长丝匹里虫孢子呈卵形，长7.8～10.5微米、宽3.9～5微米；极囊较大，极丝清楚。

【病症】 病鱼体表皮肤上有白色圆形胞囊，在内部器官里，无论是脂肪组织或其他器官也有白色胞囊，生殖腺上的白色胞囊最为明显，很易与卵巢区别开来。取出少许胞囊，加少量水在显微镜下观察，可见许多微孢子虫。

【流行情况】 此病在青鱼、草鱼、鲢、鳙、鲤、鲫、鳊、鲌及乌鳢、九刺鱼等鱼类中均有出现，且感染率和感染强度都比较高，特别在生殖腺中大量感染，对鱼类的繁殖力带来严重影响。

【防治方法】

（1）每100千克鱼体重用硫磺粉75克拌饵喂鱼，每天1次，连续4天。

（2）每立方米水体用高锰酸钾20克，待药物充分溶解后，浸洗病鱼30分钟。

（3）每100千克鱼体重用盐酸左旋咪唑200～400克拌饵喂鱼，连续20～25天。

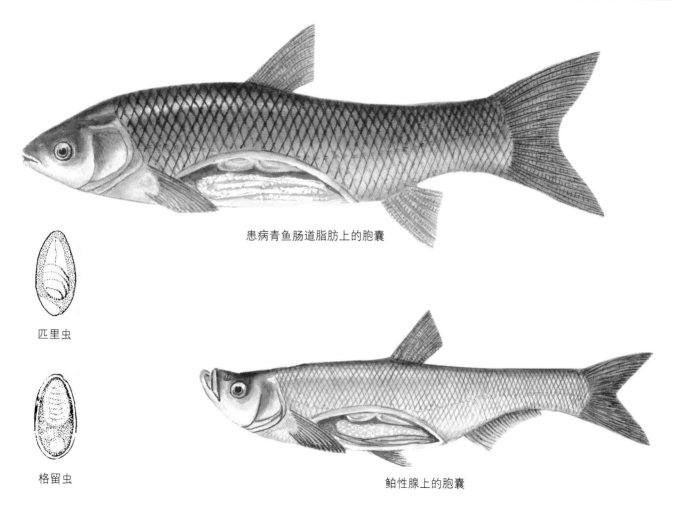

患病青鱼肠道脂肪上的胞囊

匹里虫

格留虫

鲌性腺上的胞囊

图59　微孢子虫病

60. 球孢虫病

【病原】此病主要由鲩球孢虫、黑龙江球孢虫及鳃丝球孢虫寄生引起。鲩球孢虫孢子卵形，缝脊直而明显，2个梨形极囊在缝脊两侧，无嗜碘泡。孢子长13.2～15.6微米、宽12～13.2微米；极囊长5.4～6.4微米、宽4.3～5微米。黑龙江球孢虫孢子近球形，前后两端微尖而突出，缝脊直而隆起，2个梨形极囊在缝脊两侧，无嗜碘泡。孢子长7.2～9.6微米、宽6.6～8.4微米；极囊长3.2～3.6微米、宽2.4～3微米。鳃丝球孢虫孢子球形，外面包围一层薄膜，壳面有10～12条条饰。孢子长7.2～8.4微米、宽6.6～7.8微米；极囊长3.6～4.2微米、宽3.5～3.6微米。缝脊直，2个梨形极囊在缝脊两侧，无嗜碘泡。

【病症】鳃丝球孢虫在鳙、鲤、金鱼等的鳃或体表寄生，在金鱼、鳙鱼体表形成像芝麻大小的白点状胞囊，但在鳃上不形成胞囊，呈扩散状分布，鳃丝被大量孢子所堵塞，严重影响寄主鱼的呼吸，导致死亡。草鱼鳃上的鲩球孢虫和黑龙江球孢虫均未见胞囊，只有孢子在鳃上呈扩散状分布，严重的还可在肝和肾中出现。

【流行情况】球孢虫病主要发生在青鱼、草鱼、鲢、鳙、鲤、鲫、鲮和金鱼等鱼苗、鱼种的体表和鳃上，严重时影响鱼的呼吸，引起死亡。此病在全国各地均有出现，但南方各地鱼苗、鱼种阶段病例较多。

【防治方法】

(1) 用生石灰清塘杀死淤泥中的孢子，可有效预防此病的发生。

(2) 用4%的碘液拌饵喂鱼，每50千克鱼体重用药30毫升。

(3) 用90%的晶体敌百虫全池泼洒，每立方米水体用药0.2～0.5克。

球孢虫的一般形态

患病的墨龙

患球孢虫病鳙体上的胞囊

图60　球孢虫病

61. 旋缝虫病

【病原】由鲢旋缝虫寄生引起。在2龄白鲢的肌肉里形成米粒状淡黄色胞囊。孢子圆形，缝脊粗而明显，呈波浪形弯曲。2个梨形极囊呈八字形排列在孢子前端，有明显的嗜碘泡。孢子长7.2～9.2微米、宽7.7～9.2微米；极囊长4.6～4.8微米、宽3.1微米。

【病症】病鱼个体瘦弱，眼球突出，体表两侧有凸凹不平的块状隆起，有的呈粒状突出。严重病鱼可见到几十个或上百个淡黄色粒状胞囊，从背部剖开鱼体，可见近背脊两侧至腹部均有淡黄色米粒状胞囊；有的几个连成一片，多的可达百个。刺破胞囊膜，流出白色脓状液，刮取少许在玻片上压成薄片，在显微镜下可见鲢旋缝虫。

【流行情况】此病多发生于2龄白鲢中，大量的虫体在白鲢的肌肉中形成米粒状胞囊，鱼体极为瘦弱，严重的逐渐死亡。江浙一带为流行区，流行期多在6～8月。

【防治方法】

（1）彻底清塘，杀灭池中孢子。

（2）全池泼洒90%的晶体敌百虫，每立方米水体用药0.5～0.7克，隔1～2天1次，连泼3次。

（3）每千克饲料中加90%的晶体敌百虫1克或盐酸左旋咪唑0.1～0.2克，连喂5～7天。

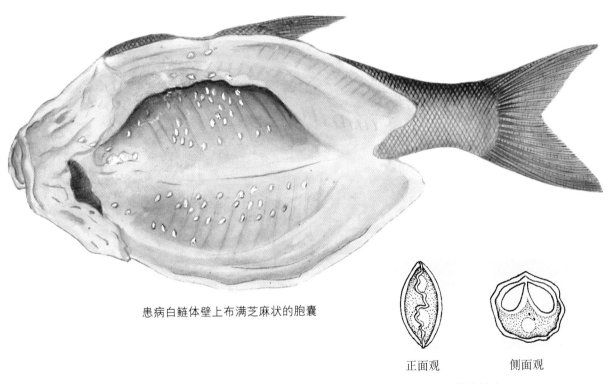

患病白鲢体壁上布满芝麻状的胞囊

正面观　　　　　侧面观

鲢旋缝虫

图61　旋缝虫病

62．肤孢虫病

【病原】由鲈肤孢虫、广东肤孢虫及一种未定名的肤孢虫寄生引起。它们的孢子一般呈圆形或近圆形，构造比较简单，外包一层透明的膜，细胞质里有1个大而发亮的圆形折光体。在折光体与孢膜之间最宽处，有1个圆形胞核，有时还散布着少许颗粒状的胞质结构。因种类的不同，会出现不同形状的胞囊，鲈肤孢虫的胞囊似香肠形，广东肤孢虫的为带形，另一种肤孢虫的为盘曲成一团的线形。成熟的胞囊内含有大量的孢子。鲈肤孢虫的孢子直径8.1～11.5微米，折光体直径5.2～9.1微米；广东肤孢虫直径6.5～10.3微米，折光体直径2.9～7.4微米；另一种肤孢虫直径6.4～11.1微米，折光体直径4.4～7.8微米。

【病症】在草鱼、鲤体表寄生的肤孢虫，为盘曲成团的线状胞囊，全身都可分布，数量可多达数百个，鱼体发黑消瘦，被寄生处皮肤发炎、溃烂。严重感染的病鱼，往往引起死亡。

斑鳢鳃上出现广东肤孢虫的胞囊，为盘曲的带形，被寄生处成椭圆形凹陷，孢囊周围组织充血。

【流行情况】肤孢虫病是一种寄生在鱼体表、鳃上的寄生虫病。被寄生处发炎、腐烂，一般饲养鱼类及斑鳢等均有此病发生。流行全国各地，并出现严重感染而导致死亡的诸多病例。

【防治方法】

（1）隔离病鱼，养鱼池塘彻底清塘消毒。

（2）用克孢灵拌饵喂鱼（按说明书使用）。

（3）每千克饲料加磺胺噻唑10克，拌饵喂鱼。

（4）鱼种放养前，用高锰酸钾药液浸洗鱼种，每立方米水体用药10～20克，浸洗鱼种30分钟。

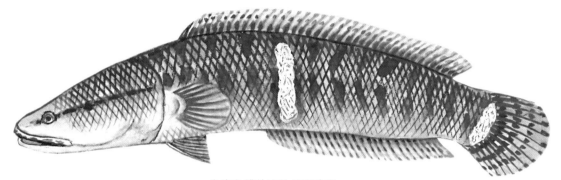

患病乌鳢体表的线形胞囊

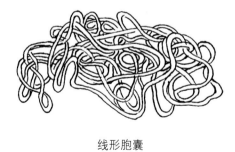

线形胞囊

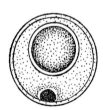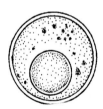

肤孢虫

图62 肤孢虫病

63. 斜管虫病

【病原】由鲤斜管虫寄生引起。虫体有背腹之分，背部隆起，腹面左面较直、右面稍弯。左面有9条纤毛线，右面有7条，每条纤毛线上长着一律的纤毛。腹面中部有1条喇叭状口管。大核近圆形，小核球形，身体左右两边各有1个伸缩泡，一前一后。

【病症】寄生在鱼鳃、体表上的虫体，能刺激病鱼分泌大量黏液，使之皮肤表面形成苍白色或淡蓝色的黏膜层。寄生在鳃上能影响鱼的呼吸。病鱼食欲减退，鱼体消瘦发黑，靠在池边浮在水面呈侧卧状，不久即死亡。

【流行情况】斜管虫在各种淡水鱼都能寄生，主要危害饲养鱼类和金鱼的鱼苗和鱼种。全国各地均有出现，往往引起大批死亡。3～5月为流行期，越冬鱼种也易感染此病。

【防治方法】

（1）用生石灰清塘，杀灭底泥中病原。

（2）鱼种放养前用硫酸铜浸洗20分钟，每立方米水体用药8克。

（3）每立方米水体用硫酸铜0.5克、硫酸亚铁0.2克，全池泼洒。

（4）用高锰酸钾浸洗鱼种，每立方米水体用药20克。水温10～20℃时，浸洗20～30分钟；水温20～25℃时，浸洗15～20分钟；水温25℃以上时，浸洗10～15分钟。

（5）全池泼洒阿维菌素溶液，每立方米水体用药0.2～0.3克，稀释2 000倍，泼洒全池；第二天，每立方米水体用二氧化氯（含量8%），化水全池泼洒。

（6）用苦楝枝叶汁全池泼洒，每亩水面（水深1米）用25～30千克苦楝枝叶煮水全池泼洒，每15天1次。

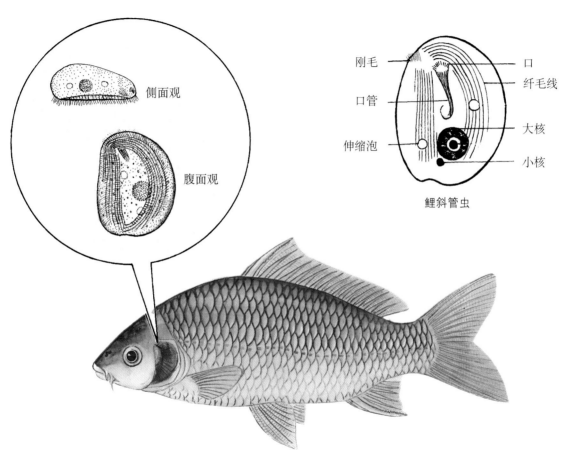

刚毛

口

口管

纤毛线

伸缩泡

大核

小核

侧面观

腹面观

鲤斜管虫

患病鲤鳃上寄生的虫体

图63　斜管虫病

64. 小瓜虫病

【病原】 由多子小瓜虫寄生引起。该寄生虫有幼虫期和成虫期。幼虫期长卵形，前尖后钝，前端有一乳头状突起称钻孔器，稍后有一近耳形胞口，后端有1根尾毛，全身有长短一律的纤毛，大核近圆形，小核球形；成虫期虫体球形，尾毛消失，全身纤毛均匀，胞口变为圆形，大核香肠状或马蹄形，小核紧贴大核，不易看到。小瓜虫生活周期可分为营养期和胞囊期。营养期自幼虫钻进鱼的皮肤和鳃上后，吸收养料生长发育，同时刺激寄主组织增生，形成1个白色脓包。虫体在内分裂繁殖，一定时间后冲出脓包，在水中自由游泳，后在池边或草上形成胞囊，虫体在内分裂成数百上千个，幼虫冲破胞囊在水中游泳寻找寄主，进入鱼的体表或鳃组织间，进行新的生活周期。

【病症】 病鱼的皮肤、鳍条或鳃上，肉眼可见布满白色小点状囊泡，所以此病又名白点病。严重时体表似有一层白色薄膜，鳞片脱落，鳍条裂开、腐烂。病鱼反应迟钝，缓游水面，还时常与其他物体摩擦，不久即成群死亡。鳃上大量寄生，黏液增多，鳃小片被破坏，鳃上皮增生或部分出血。虫体若侵入眼角膜，引起发炎，变瞎。将囊泡刮下在显微镜下观察，可见小瓜虫活泼游动。

【流行情况】 该病主要危害人工饲养的淡水鱼，不论是鱼种或成鱼，过度密养时很易发生，尤其在长江流域和南方各省流行较广。

【防治方法】

（1）全池泼洒纤虫清，每亩水面（水深1米）用药25毫升。

（2）用三环绝杀拌饵喂鱼（用法按产品使用说明书）。在水温18～30℃时，用药250克拌饵20～40千克喂鱼，每天2次，连用3～5天。一般3天后，虫体开始脱落；至5天后，虫体开始完全脱落，伤口痊愈。

（3）每立方米水体用2克亚甲基蓝化水全池泼洒，连泼3次。

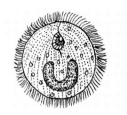

多子小瓜虫

患病鲤体上寄生大量白点状胞囊

图64　小瓜虫病

65．杯体虫病

【病原】 由筒形杯体虫寄生引起。虫体高杯形，前端为一圆盘状口围盘，边缘围绕着3层由纤毛组成的缘膜，里面有1条螺旋状口沟，身体后端有一吸盘状结构称茸毛器，体内有1个三角形大核和1个棒状小核。

【病症】 鱼苗下塘后不久，往往被杯体虫大量寄生于体表，鱼苗成群地在池边缓游，身上似有一层毛状物，渐渐无力游泳，终至死亡。

【流行情况】 杯体虫病在全国各养殖区广泛流行，以华中地区最为严重，发病时间为6～7月，传播快，死亡率高。

【防治方法】

（1）用生石灰清塘，保持水质清新，并控制放养密度。

（2）每立方米水体用硫酸铜0.5克、硫酸亚铁0.2克，全池遍洒。

（3）每亩池塘每天用2～3千克新鲜韭菜，加入食盐1千克，将食盐拌入切碎的韭菜中，边拌边搓出汁液，全池泼洒，连泼3天。

寄生在尾嗜上的杯体虫（放大）

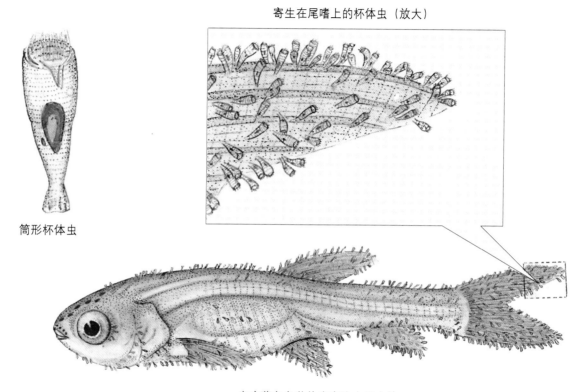

筒形杯体虫

患病草鱼鱼苗体表寄生大量虫体

图65　杯体虫病

66．车轮虫病

【病原】侵袭鱼类体表的车轮虫一般较大，有显著车轮虫、粗棘杜氏车轮虫、中华杜氏车轮虫和东方车轮虫。侵蚀鳃上的车轮虫，一般较小的有卵形车轮虫、微小车轮虫、球形车轮虫和眉溪小车轮虫。车轮虫外形侧面观呈帽形或碟形，反口面观为圆盘形，内部结构主要由许多齿体逐个嵌接而成的齿轮状结构——齿环，因而有车轮虫之称。还有辐线，1个马蹄形大核和1个棒状小核。

【病症】病鱼黑瘦，不摄食，体表有一层白翳。成群沿池边狂游，俗称"跑马病"。若将小鱼放在解剖镜下观察，可见体表，特别是头部和鳍条上有大量的车轮虫密集或来回活动。

【流行情况】车轮虫是淡水养殖中常见的寄生虫，主要侵袭鱼的皮肤和鳃，对家鱼和饲养的其他鱼类以及金鱼的鱼苗、鱼种危害最大。每年5～8月，鱼苗、鱼种常发生车轮虫病，引起大批死亡。全国各养鱼区都有流行，越冬池和水质差的密养鱼池发病率最高，是养鱼中常见的多发病之一。

【防治方法】

（1）用生石灰清塘消毒，合理施肥，注意放养密度。

（2）每立方米水体用8克硫酸铜溶液浸洗鱼种20～30分钟；或用2%的盐水浸洗鱼种2～10分钟，金鱼应浸洗5～15分钟。

（3）每立方米水体用硫酸铜0.5克、硫酸亚铁0.2克，全池遍洒。

（4）用氯氰菊酯溶液全池泼洒，每亩水面（水深1米）用药20～40毫升。

眉溪小车轮虫寄生在病鱼鳃部

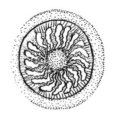

眉溪小车轮虫

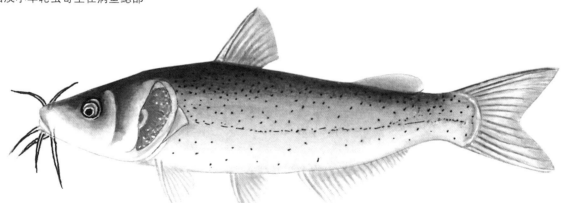

患病斑点叉尾鮰

图66 车轮虫病

67. 毛管虫病

【病原】由中华毛管虫和湖北毛管虫寄生引起。中华毛管虫只有1束吸管，湖北毛管虫有3～4束吸管。成虫以内出芽繁殖，胚芽从母体上出来后，为自由生活的纤毛虫，虫体上有2～3行纤毛，体内有大核和小核。幼虫活泼游动，遇到鱼类后，即在鱼体适当的部位固着，纤毛消失，长出吸管在寄主上营寄生生活。

【病症】主要寄生在鱼的鳃上，被寄生的鳃外表形成凹陷的病灶，大量寄生会妨碍鱼的呼吸，影响鱼的生长发育。病鱼身体瘦弱，漂游水面，严重时引起死亡。

【流行情况】主要危害草鱼、鲢、鳙的鱼苗、鱼种，6～11月最为流行，全国各地均有发现，但以长江流域各养鱼场较普遍。毛管虫通常在鳃丝间隙里、吸管的一端露出，大量寄生时会造成病鱼呼吸困难，严重患者可引起死亡。

【防治方法】
（1）用生石灰彻底清塘消毒。
（2）每立方米水体用硫酸铜0.5克、硫酸亚铁0.2克，全池泼洒。
（3）鱼种放养前，用硫酸铜药液浸洗鱼种30分钟。每立方米水体用硫酸铜8克。

患病白鲢鳃

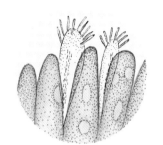

寄生在鳃丝间的虫体

中华毛管虫

纤毛幼虫

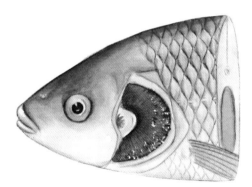

患病�草鱼鳃

图67　毛管虫病

68. 凸 眼 病

引发鱼类凸眼病因素诸多，本节重点介绍由孢子虫引起鱼类凸眼病的诊断和防治方法。

【诊断】 病鱼停呆在池塘边或网箱边，停在水面，不食不动。捞起病鱼可见其眼球凸出，鳞片竖起，挤压鱼鳞有液体渗出，肛门微红，并拖有1条黄色黏性粪便，有的病鱼有蛀鳍现象。剪开鱼的腹腔，有少量微黄色的腹水，肠道内基本无食物，仅有黄色脓样黏液。镜检可见许多孢子虫，即可确定此病是由孢子虫引起。

【防治方法】

（1）鱼苗、鱼种下塘前，一定要彻底清塘消毒，杀死病原体。

（2）用克孢灵拌饵喂鱼，在鱼饲料中添加1%的克孢灵，连喂5～7天。

（3）全池泼洒杀虫药，每立方米水体用硫酸铜0.5克、硫酸亚铁0.2克泼洒，间隔3天后再泼1次。

（4）用强力虫杀星浸泡病鱼（按使用说明书），连用2天。

患病罗非鱼

患病鲤

图68 凸 眼 病

四、蠕虫引起的鱼病

69．指环虫病

【病原】指环虫病的病原体种类较多，寄生于草鱼体上有鳃片指环虫和鲩指环虫；寄生于鲢的有鲢指环虫；寄生于鳙的有鳙指环虫；寄生于鲤、鲫金鱼的有坏鳃指环虫。指环虫的虫体颇小，能像蚂蟥似地伸缩。虫体头端分成4叶，靠近咽的两侧有2对呈方形排列的棕色眼点。身体后半部中有一角质交接器，虫体后端为一膨大呈盘状的固着器，内有1对锚形中央大钩、背腹联接棒和7对边缘小钩。

【病症】严重感染指环虫的病鱼，体色变黑，十分瘦弱，游动缓慢，食欲减退，鳃丝黏液较多，鳃瓣呈灰白色，呼吸困难。幼小的鱼苗，常呈现鳃器官浮肿，鳃盖难以闭合。严重病鱼鳃上指环虫密集成群，故肉眼可见鳃丝上布满的灰白色群体，将这些群体用镊子轻轻取下，放在盛有清水的培养皿中，可以见到蠕动的虫体。若用放大镜，并在深色的背景下检查更是显而易见。

【流行情况】此病是鱼苗、鱼种阶段常见的寄生虫性鳃瓣病。主要危害草鱼、鲢、鳙、鲤、鲫、泥鳅以及金鱼等。流行季节在春末、夏初，越冬鱼种池在开春后也容易发生。全国各地主要养鱼地区都有流行，但以长江一带各省比较严重。

【防治方法】

（1）用生石灰带水清塘，每亩水面（水深1米）用60千克。

（2）鱼种放养前用晶体敌百虫浸洗，每立方米水体用药1克，浸洗20～30分钟。

（3）用高锰酸钾浸洗病鱼，每立方米水体用药20克。水温10～20℃时，浸洗20～30分钟；水温20～25℃时，浸洗15～20分钟。

（4）用粉剂敌百虫（含量为2.5%）全池泼洒，每立方米水体用药1～2克。

（5）用"指环王"全池泼洒（用法按产品使用说明书）效果显著，得大力推广。

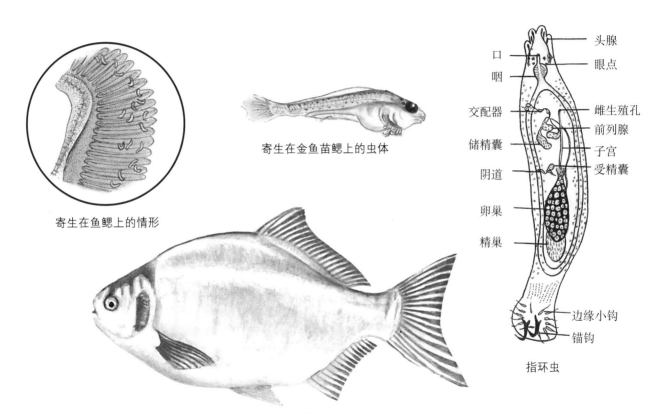

寄生在鱼鳃上的情形

寄生在金鱼苗鳃上的虫体

头腺

口　　　　眼点

咽

交配器　　雌生殖孔

储精囊　　前列腺

　　　　子宫

阴道　　　受精囊

卵巢

精巢

边缘小钩

锚钩

指环虫

患病白鲳鳃部寄生指环虫

图69　指环虫病

70. 三代虫病

【病原】此病由多种三代虫寄生引起。寄生于草鱼的有鲩三代虫；寄生于鲢、鳙的有鲢三代虫；寄生于鲤、鲫和金鱼的有秀丽三代虫。三代虫的外形和运动状况类似指环虫，主要区别是，三代虫的头端仅分成两叶，无眼点，后固着器伞形，其中有1对锚形中央大钩和8对伞形排列的边缘小钩。虫体中部为角质交配器，内有一弯曲的大刺和若干小刺。最明显的是虫体中已有子代胚胎，子代胚胎中又已孕育第三代胚胎，故称三代虫。

【病症】病鱼体色暗黑无光泽，身体瘦弱，游动缓慢，食欲衰退，体表被三代虫刺激而导致分泌一层灰白色黏液，患病鱼常出现蛀鳍现象，金鱼尤为严重。三代虫身体颇小，肉眼难以观察，可刮取黏液或剪取鳍条（鱼苗可整条）置于盛有清水的小瓶中，加盖稍加激烈震荡，然后倒入培养皿中，片刻后即可观察到蠕动的虫体。若用放大镜观察，效果更好。

【流行情况】三代虫广泛寄生在鱼的体表及鳃上。多种养殖的经济鱼类和观赏鱼类都有此病流行，遍及全国各养殖区。每年春夏季对鱼苗、鱼种生产危害甚大。

【防治方法】

（1）全池泼洒克虫威，第二天泼洒聚维酮碘溶液或二氧化氯（方法按产品使用说明书）。

（2）防治金鱼三代虫病可用"亿彩灭虫灵"。每100升水中加药一药匙，进行药浴。1天后换水一半；隔2天如未痊愈，再用同一方法药浴1次，即可治愈。

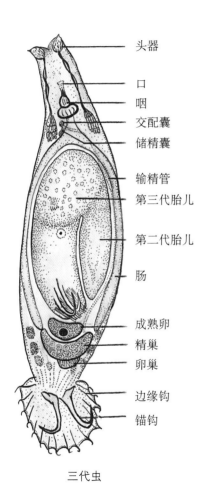

头器

口

咽

交配囊

储精囊

输精管

第三代胎儿

第二代胎儿

肠

成熟卵

精巢

卵巢

边缘钩

锚钩

三代虫

患病鲤鱼苗

患病金鱼

图 70　三代虫病

71. 复口吸虫病

【病原】 由复口吸虫的尾蚴和囊蚴寄生引起。常见的有湖北复口吸虫、倪氏复口吸虫和匙形复口吸虫。尾蚴分头部和尾部，头后为咽和2肠管，体中部有腹吸盘，其后有2对钻腺细胞。尾部分为尾干与尾叉两部分；囊蚴呈瓜子形，分前体和后体两部分。前体除有口吸盘、腹吸盘、咽、肠管和黏附器外，在口吸盘两侧还有1对侧器官，活体还可以看到全身布满发亮的颗粒状石灰质体；后体很短，内有1个排泄囊。

【病症】 鸥鸟是复口吸虫病传染源，椎实螺是传播的媒介。病鱼急性感染时，头部的脑区和眼眶周围呈现充血现象，失去平衡能力，卧于水面或倒立水中，鱼体逐渐弯曲，短期内会出现大批死亡；病鱼慢性感染时，眼球混浊呈乳白色，严重时水晶体脱落而成瞎眼。挖下病鱼眼球，剥下水晶体外围透明胶质，在显微镜下观察是否有囊蚴，从而鉴别是否患有此病。

【流行情况】 复口吸虫病流行很广泛，我国的湖北、江苏、浙江、上海及东北地区都有发生。危害多种淡水鱼类，尤其对鲢、鳙、团头鲂的鱼苗、鱼种危害最为严重。

【防治方法】

（1）鱼苗、鱼种下塘前彻底清塘消毒，每亩水面（水深1米）用生石灰100～125千克带水清塘，杀灭椎实螺。

（2）发病鱼池，每立方米水体用硫酸铜0.7克全池遍洒，24小时内连用2次。

（3）每千克鱼体重用25克二丁基氧化锡拌料喂鱼，每天1次，连喂5天。

（4）驱赶鸥鸟，以减少此病传播。

患病鳙突眼和白内障症状

湖北复口吸虫

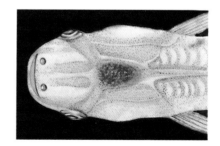

急性型病鱼头部充血症状

图71　复口吸虫病

72. 双身虫病

【病原】由双身虫科一些种类引起。虫体由2个连合在一起，形成X状。一般长为5～10毫米，虫体通常为黄褐色或棕黑色。口位于 体前端腹面，在其两侧有1对小的口腔吸盘，肠直至虫体后端，后固着器有4对吸夹，分别排列于两侧，另有1对锚钩，雌雄同体，生殖系统多位于虫体的后体部，卵黄腺特别发达。有的虫体较大，肉眼可见。

【病症】病鱼极度不安，严重贫血，体色较黑，鳃组织受损，颜色苍白，有大量黏液，大量寄生会导致鳃黏液增多。污物附粘，严重影响鱼的呼吸，最终会因呼吸困难而死亡。

【流行情况】双身虫科在我国已有20多种的报道。分别寄生于鲫、鲤、鳎、鲢、鳙、草鱼、鲮鱼以及鲴亚科、鳊鲌亚科和鳅科鱼类等，其分布范围很广泛，危害性较大。

【防治方法】

（1）全池泼洒2.5%的敌百虫粉剂和硫酸亚铁，每立方米水体用敌百虫粉剂2克、硫酸亚铁0.2克。杀虫后第2天，泼洒1次消毒杀菌药物。

（2）将杀虫先锋稀释1 000～3 000倍后，选择晴天均匀泼洒入池。每亩水面（水深1米）用杀虫先锋15～25毫升，低温或水肥时适当增加用量；反之，水瘦或水温30℃以上时，则适当减少用量。

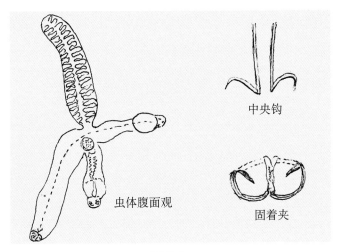

中央钩

虫体腹面观

固着夹

双身虫

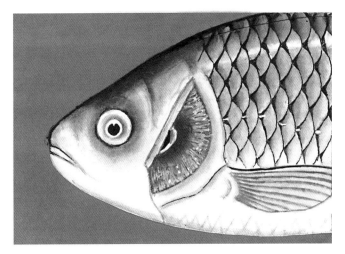

双身虫寄生在鲫鳃丝上

图72 双身虫病

73. 血居吸虫病

【病原】由多种血居吸虫引起。有龙江血居吸虫（寄生为鲢、鳙）、鲂血居吸虫（寄主为团头鲂）、大血居吸虫（寄主草鱼）及有刺血居吸虫（寄主为鲤、鲫）等。血居吸虫的身体薄而小，游动时似蚂蟥状。它们的特征是无口与腹吸盘，肠道为分叶形盲囊。睾丸多对，对称地排列于虫体中部；卵巢蝴蝶形，位于睾丸之后。卵黄腺小颗粒状，分布于虫体左右两侧。卵很少，略似三角形或橘瓣形，个别为椭圆形。血居吸虫的卵在鳃瓣中孵出毛蚴；后进入水中，钻入螺体，发育成胞蚴；并无性繁殖出许多尾蚴；尾蚴离开螺体后，即侵入鱼类体表并转移到循环系统中发育成为成虫。

【病症】严重的病鱼腹部膨大，内充满腹水，肛门红肿，有时有竖鳞、突眼等病症。鱼苗发病时鳃盖张开，鳃丝肿胀。急性感染时，病鱼仅表现急游、打转、呆滞等状况，并很快死亡。

【流行情况】此病是一种循环系统的鱼病。主要危害草鱼、鲢、鳙、鲤、鲫、团头鲂及金鱼、锦鲤等鱼的鱼苗、鱼种。江苏、浙江、福建、湖南、湖北等省都曾发现过大批死亡的病例，流行季节主要在春末夏初。

【防治方法】
预防和控制的方法同复口吸虫病。

（1）每万尾鱼种，在饲料中拌入90％的晶体敌百虫15～20克投喂，每天1次，连喂5天。

（2）全池泼洒90％的晶体敌百虫，每立方米水体用药0.3～0.5克。

（3）每千克鱼饲料中加鱼虫清2～2.5克，或克虫威2.7克，制成稳定性好的颗粒饲料投喂，连续2～3天。鲢、鳙应制成细小的颗粒饲料，每天分几次撒在水面投喂。

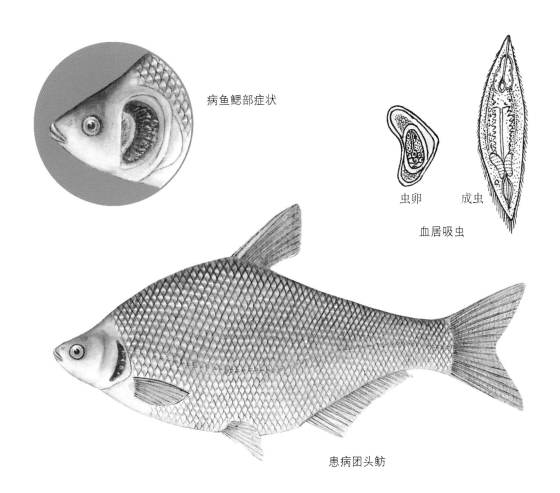

病鱼鳃部症状

虫卵　　成虫

血居吸虫

患病团头鲂

图73　血居吸虫病

74. 侧殖吸虫病

【病原】由日本侧殖吸虫引起。虫体像一小芝麻，体内有口、腹吸盘，后半部可见睾丸和卵巢各一个，体两侧排列着块状的卵黄腺，阴茎和子宫末段开口于身体的一侧，并有一小刺，卵梨形并具卵盖。虫卵随鱼粪便落入水中，孵出毛蚴，然后进入螺内发育成雷蚴、尾蚴。尾蚴为无尾型，它们转移到螺蛳的触角上，鱼苗吞食后，在鱼肠中发育成熟；囊蚴在鱼肠中发育成为成虫。将肠内含物与肠内壁放入6%的生理盐水中，搅动后静止片刻，用肉眼或放大镜仔细观察，可以看到灰白色蠕动的虫体。

【病症】病鱼体色发黑，游动无力，群集于鱼池下风处，停止摄食，故称"闭口病"。6～7厘米的鱼种发病，除了鱼体稍见消瘦外，并无明显症状。只有刮下肠内壁和肠中内含物在显微镜下观察，或置于培养皿中用放大镜观察，才能看到虫体。

【流行情况】此病是鱼苗阶段常见的一种肠道病，可以引起大批死亡。鱼种阶段也可发生此病，但仅影响生长发育，并不造成死亡。草鱼、青鱼、鲢、鳙、鲤、鲫、金鱼等都有此病流行。发病季节为5～6月，鱼苗下池后3～6天最易患此病。

【防治方法】预防和控制方法与血居吸虫病同。

（1）鱼种患病后可用百虫清拌饲料喂鱼，每千克鱼体重每天用药0.3克，连喂6天。

（2）鱼苗、鱼种饲养池，避免使用历年饲养成鱼的鱼池。

鱼苗吞食螺蛳上的尾蚴

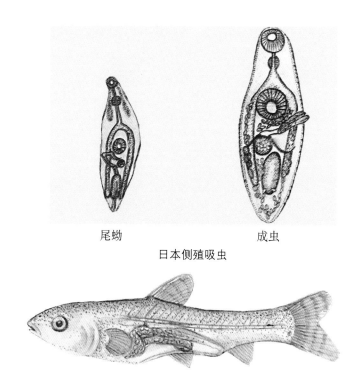

尾蚴　　　　　　　成虫

日本侧殖吸虫

吞食尾蚴的鱼苗

图74　侧殖吸虫病

75. 黑 点 病

【病原】由一种与皮居茎复口吸虫相似的后囊蚴引起。虫体分为前后体，囊蚴的前体可见口、腹吸盘和黏附器，但前体两侧无侧器官，后体较长，并可见雏形生殖腺。皮居茎复口吸虫的成虫寄生在吃鱼的鸟类肠中，如苍鹭、翠鸟等。第一中间宿主是椎实螺，在其中有母胞蚴、子胞蚴和尾蚴几个发育阶段，尾蚴为叉尾型；第二中间宿主是鱼类，在鱼的皮肤中发育成囊蚴。

【病症】病鱼身体消瘦，体表及鳍条、鳃盖、下颚等部位布满黑点。用手摸之，有粗糙的感觉。严重时，可引起鱼体变形，甚至脊椎骨弯曲。

【流行情况】此病是一种体表寄生虫性鱼病。主要危害草鱼、青鱼、鲢、鳙等鱼的鱼苗和鱼种，泥鳅、麦穗鱼、鳌条等也有感染的。我国上海、江苏、湖北、湖南、浙江等地均发生过因此病引起大批死鱼的报道。春末至秋末之间为主要发病期。

【防治方法】

（1）用生石灰彻底清塘，杀灭池中虫卵、尾蚴和椎实螺，驱赶吃鱼鸟类，切断传染源。

（2）发病鱼池用二氯化铜全池泼洒，每立方米水体用药7克，隔天重洒1次。

（3）用1%～2%的食盐水浸泡病鱼10～15分钟，连续3～5天。

（4）用白点净治疗黑点病（用法按产品使用说明书）。

（5）金鱼缸中的金鱼出现黑点病时，每立方米水的鱼缸用食盐和小苏打各100克，混合泼洒入缸，连续2～3天，效果甚佳。

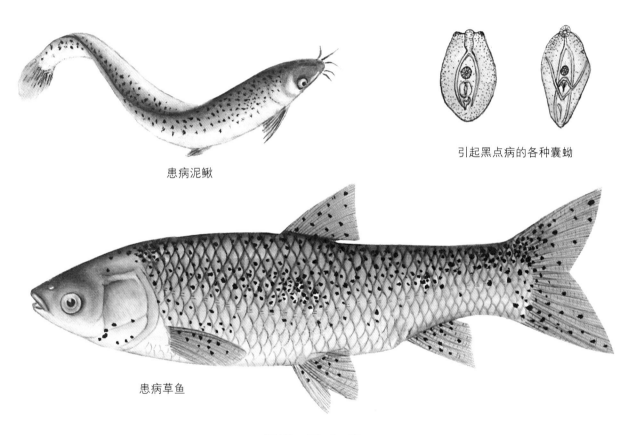

患病泥鳅

引起黑点病的各种囊蚴

患病草鱼

图75 黑 点 病

76. 黄 点 病

【病原】由弯口吸虫的囊蚴引起。虫体与引起黑点病的囊蚴有些相似。弯口吸虫的第一中间宿主是螺类；第二中间宿主是鱼；终末宿主是鹭科鸟类。

【病症】病鱼的体表、鳍条或鳃腔布满黄色点状物（或称囊状物），直径2.5毫米左右。取下囊状物，在显微镜下观察，可见弯口吸虫的囊蚴。

【流行情况】此病广泛流行于广东、广西、湖北、湖南等南方地区，甚至新疆等西北地区也有发现。许多养殖鱼类和一些野生鱼类都会感染此病，危害最严重的有斑点叉尾鮰、青鱼、草鱼、鲢、鳙、鲤、鲫、泥鳅和沙塘鳢等，既影响鱼外表美观，还会引起死亡。

【防治方法】

（1）用生石灰彻底清塘，每亩水面（水深1米）用生石灰100～125千克，带水清塘，以杀灭池中的虫卵、毛蚴、尾蚴及第一中间宿主螺类。

（2）每亩水面（水深1米）用杀虫先锋15～25毫升，稀释1 000～2 000倍后，均匀泼洒入池。

（3）用二氯化铜全池泼洒，每立方米水体用药0.7克，隔天重洒药1次。

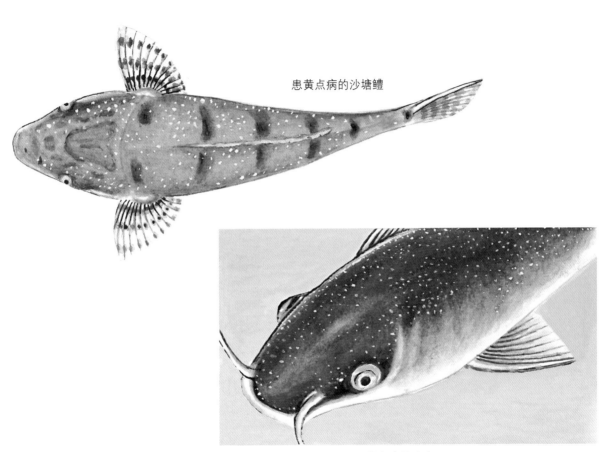

患黄点病的沙塘鳢

患黄点病的斑点叉尾鮰

图76 黄 点 病

77. 头槽绦虫病

【病原】九江头槽绦虫是草鱼、青鱼、鲢、鳙、鲮等鱼的病原体；马口头槽绦虫是青鱼、团头鲂、赤眼鳟等鱼的病原体。头槽绦虫为扁带形，由许多节片组成，头节略呈心脏形，顶端有顶盘，两侧有两个深沟槽。无明显的颈部，每个体节片内均有一套雌雄生殖器官，睾丸小球形，成单行排列，卵巢块状双叶腺体，卵黄腺散布在皮层，成熟节片内充满卵子。头槽绦虫卵随鱼粪便入水中，孵化出沟球蚴；被剑水蚤吞食后，在其体腔内发育成原尾蚴；当剑水蚤被鱼吞食，在鱼肠道发育为裂头蚴，并陆续长出节片成为成虫。

【病症】病鱼瘦弱，体表黑色素增加，口常张开，但摄食剧减，故又称"干口病"。严重的病鱼，前腹部膨胀，触摸时感觉结实，剖开鱼腹，剪开前肠扩张部位，即可见白色带状的虫体。

【流行情况】此病为鱼种阶段寄生虫性肠道病。主要危害草鱼、青鱼、团头鲂等。该病具有明显的区域性，主要在广东、广西两地流行。越冬鱼种死亡率可达90%，成鱼阶段发病率极低。青鱼、团头鲂的头槽绦虫病在福建、湖北也有发现，但为少见。

【防治方法】

（1）彻底清塘消毒。

（2）每万尾鱼种，用南瓜子250克碎成粉末，拌入0.5千克的米糠内投喂，每天1次，连喂3天。

（3）内服肠虫清，对驱除肠道中的头槽绦虫效果特别显著，杀虫率可达90%以上（使用方法见产品说明书）。

（4）用槟榔做成药饵投喂，每千克鱼体重用2～4克研碎的槟榔制成颗粒饲料投喂，每天1次，连用3～5天。

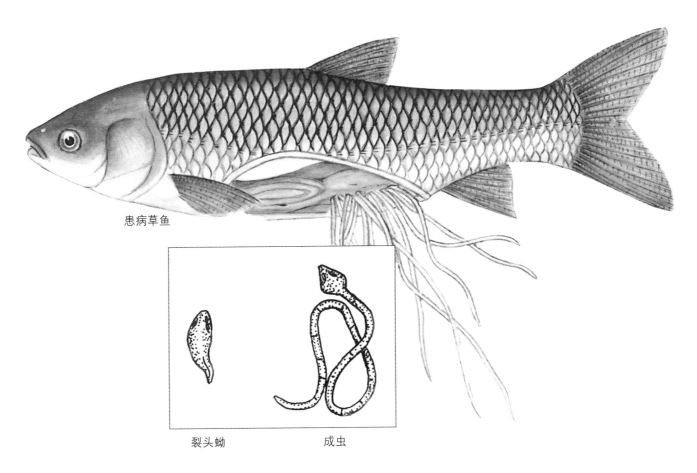

患病草鱼

裂头蚴　　　　成虫

图77　头槽绦虫病

78．舌形绦虫病

【**病原**】由舌状绦虫和双线绦虫的裂头蚴引起。它们的身体扁平，乳白色，肉质肥厚，呈带状但不分节，体表略有皱纹，众称"面条虫"，虫体长度从3～4厘米到数米。其背腹面中线各有1条凹陷的纵槽，双线绦虫背腹面各有2条纵槽。这类绦虫的终末寄主是鸟类，虫卵随鸟粪落入水中，孵化出钩球蚴，被剑水蚤等吞食，在其体内发育成原尾蚴，鱼类吞食水蚤后，原尾蚴穿过肠壁，在体腔内发育成为裂头蚴，鸟类吃了这些鱼后，在肠道发育成为成虫。

【**病症**】病鱼腹部膨大，但身体消瘦，可见根根肋骨。常侧游或腹部朝上，呈失去平衡姿态，游动缓慢无力。

【**流行情况**】此病是鱼类一种体腔寄生虫病。鲢、鳙、鲤、鲫、鳊、鲌等鱼都可被感染，草鱼、青鱼和野杂鱼，如麦穗鱼、鳑鲏、鳘条等也常受其害。此病在我国流行范围很广，除了海南岛等少数地区外，几乎都有发生，从小水面的池塘到大水面的湖泊、水库以至江河都有病例报道。病鱼的感染率随年龄的增大而提高。

【**防治方法**】

（1）可用晶体敌百虫或粉剂敌百虫全池泼洒，每立方米水体用0.3克晶体敌百虫或1～2克粉剂敌百虫，杀灭水蚤和虫卵。

（2）驱赶食鱼鸟类。

（3）用肠虫清拌饵投喂（用法按产品使用说明书）。

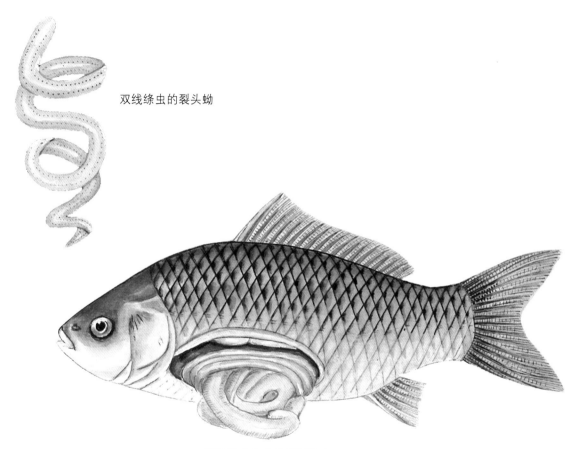

双线绦虫的裂头蚴

鲫腹腔内寄生的舌形绦虫

图78　舌形绦虫病

79．鲤蠢绦虫病

【病原】由鲤蠢科的几种绦虫引起。有短颈鲤蠢绦虫、微小鲤蠢绦虫、中华许氏绦虫、日本许氏绦虫等。这类绦虫的身体呈带形，乳白色，不分节，只有一套生殖系统，精巢近头端处，卵巢呈H形，在身体的后端。鲤蠢绦虫和许氏绦虫的明显区别是前者头部不扩大，前缘皱折不明显，颈很短；而后者头部明显扩大，前缘皱折呈鸡冠状，颈较长。这类绦虫的中间宿主是环节动物的颤蚓，原尾蚴在颤蚓的体腔内发育，呈筒形，体长1～5毫米，前端有一吸附的沟槽，后端有一带小钩的尾部。当鱼吞食感染原尾蚴的颤蚓后，即在鱼的肠道中发育成为成虫。

【病症】严重的病鱼，肠道被堵塞，并能引起肠道发炎和贫血，甚至导致死亡。

【流行情况】此病是鲤、鲫等鱼的肠道寄生虫病。在池塘养殖中未见普遍流行，但在湖泊、水库中比较常见。

【防治方法】

（1）用生石灰彻底清塘，杀死池中的颤蚓，以减少传播。

（2）用90％的晶体敌百虫和面粉做成药饵投喂，按5克晶体敌百虫与200克面粉的比例，每天1次，连续6天。

（3）内服肠虫清（用法按产品使用说明书），可以驱除肠道中的鲤蠢绦虫。

病鱼肠道膨胀

病鱼的一段肠

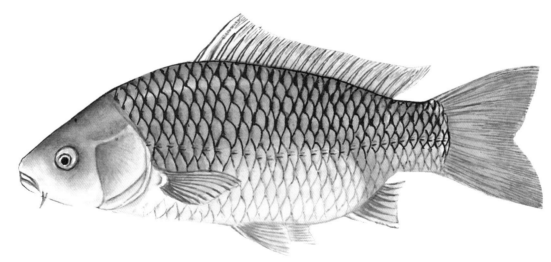

患病鲤腹部膨胀

图79　鲤蠢绦虫病

80. 鲤长棘吻虫病

【病原】由鲤长棘吻虫引起。虫体短柱状，身体后端1/3处最宽大。吻部细长，具吻钩12行，每行有钩20～22个。前端的钩大于后端的钩，腹侧的钩又大于相对背侧的钩。颈部短，吻细长，神经节位于前端，吻腺极长，并常卷曲盘绕着。体前部狭窄如颈，并外披体刺，排列不规则。雄虫长8.4～11.5毫米，2个精囊呈长卵形，前后排列；雌虫长19～28毫米，卵呈橄榄形。

【病症】虫体通常寄生在前肠，数量多时可延至全肠。少量感染除局部病灶部位有炎症外，一般不显病状；大量感染时，虫数有十几个至百余个，虫体聚集成簇，有的甚至穿透肠壁而引起死亡。因虫体大量寄生而将肠道堵塞，病鱼丧失食欲，鱼体消瘦，而出现贫血现象，逐渐死亡。将鱼剖开，剪开肠壁，括下肠黏液，在解剖镜下检查，可见长棘吻虫。

【流行情况】此病主要危害鲤，其他鱼类虽有寄生，但不发病。病原分布广，从东北的辽河到长江流域均有发现。夏花鲤肠内寄生3～5只虫就可引起死亡，2龄鲤1条鱼曾发现有150只虫寄生。上海崇明某大型渔场曾因长棘吻虫寄生，引起鲤从夏花至成鱼大批死亡。感染率在70%以上，死亡率累计高达60%，该病是危害鲤的主要疾病之一。

【防治方法】

（1）用生石灰或漂白粉彻底清塘，杀死虫卵幼虫。

（2）发病鱼池用90%的晶体敌百虫全池泼洒，每立方米水体用药0.3克，杀灭中间宿主。

（3）每千克鱼体重每天用四氯化碳0.6毫升拌饵喂鱼，连喂6天，疗效较好。

（4）投喂肠虫清（用法按产品使用说明书）。

吻部

神经节

神经纤维

吻鞘

吻腺

精巢

输精管

黏液腺

储精囊

交合伞

鲤长棘吻虫

剖开患病鲤肠道可见许多虫体

图80 鲤长棘吻虫病

81. 似棘吻虫病

【病原】由乌苏里似棘吻虫引起。虫体白色，体长3～9毫米，圆筒形，前端向腹面弯曲，吻短小，吻钩呈4、4、4、6排列成四圈，共18个钩，第一圈吻钩最大，依次变小。体前段排有较密集的体刺，腹面多于背面。体刺的基部呈梅花状，体刺先由密集排列，往后逐渐稀疏，到中部后基本上没有体刺，在尾部又有少数围成圈的体刺。体壁具有巨核。此虫的中间宿主是一种介虫，被草鱼吞食后而被感染。

【病症】病鱼瘦弱，体色较黑，漂浮水面，游动无力，不摄食，腹鳍基部充血，前腹部膨大如球，剖开腹部，肠道充血。病情严重时，肠壁薄而脆，容易破裂，白色的虫子也随之而出，肉眼可见。将要死的病鱼在水面打转，头部连续蹿出水面，鱼体翻转，尾巴出现痉挛性颤动，随即下沉死亡。

【流行情况】此病是鱼类肠道寄生虫性鱼病，流行于湖北及江西等省的水产养殖场。此虫虽有多种宿主，但主要危害草鱼。

【防治方法】

(1) 用生石灰彻底清塘，可有效地控制此病发生。

(2) 投喂晶体敌百虫，每50千克鱼种用药15～20克拌饵投喂，每天1次，连续5天，可驱除虫体。

(3) 用肠虫清拌饵投喂（用法按产品使用说明书）。

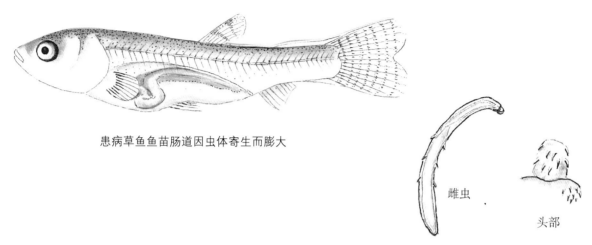

患病草鱼鱼苗肠道因虫体寄生而膨大

雌虫

头部

乌苏里似棘吻虫

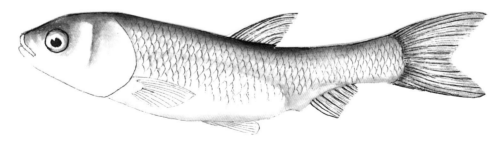

患病草鱼种（示腹部肿胀）

图81 似棘吻虫病

82. 棘衣虫病

【病原】 由隐藏棘衣虫引起。虫体乳白色，有时呈淡黄色。长筒形，体前部1/3处稍膨大，体前端具体刺，吻短，吻钩呈螺旋排列，每列4个，共8列。其中间宿主刘氏中剑水蚤，在剑水蚤体内10天就可发育成感染期的棘头体。鱼吞食了阳性剑水蚤而被感染。幼虫在黄鳝、鲇肠中寄生，发育成熟，繁殖后代。如被其他鱼类吞食，如鲌、黄颡鱼、泥鳅等，幼虫不能在肠道中寄生，而穿过肠壁在腹腔中形成胞囊，就不致引起鱼病。

【病症】 棘衣虫是黄鳝肠道中一种常见的寄生虫，大量感染时可达数百条之多，但一般不会引起死亡，从外表上也看不出什么病症。但夏花草鱼种若大量吞食了阳性剑水蚤后，幼虫从肠道迁移到腹腔时往往引起炎症而造成死亡，其症状是腹部充血膨大。解剖观察，在肝脏、肠外壁、腹膜等处以及腹腔中发现许多游离的或正在结囊的棘衣虫幼虫，使鱼致死。如果是陆续少量感染，逐渐在腹腔中形成胞囊后，症状消失或不显症状，就不致引起死鱼。

【流行情况】 棘衣虫的成虫寄生于黄鳝的肠道内，偶然也在鲇的肠中发现。它的幼虫在多种鱼类的体腔中各种器官内有所发现，当夏花草鱼急性感染该虫的幼虫时，会导致大量死亡。

【防治方法】

（1）用90%的晶体敌百虫全池遍洒，每立方米水体用药0.3克，以杀灭中间寄主剑水蚤，防止草鱼夏花鱼种急性感染。

（2）黄鳝肠道中的成虫，对黄鳝的危害不大，一般不显病症，尚未研究其防治方法。

（3）每千克鱼饵料中加克虫威2.7克，制成稳定性好的颗粒饲料投喂草鱼种，连喂2～3天。

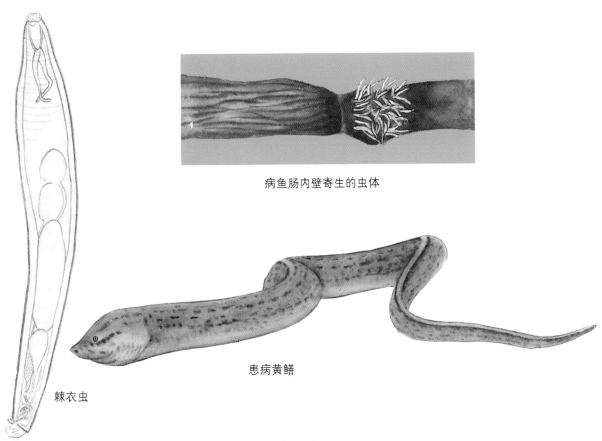

病鱼肠内壁寄生的虫体

棘衣虫

患病黄鳝

图82 棘衣虫病

83. 鲤嗜子宫线虫病

【病原】 由鲤嗜子宫线虫的雌虫引起。雌虫盘曲在鲤鳞片下的鳞囊内，成熟的雌虫体长达10～13.5厘米，呈圆筒形，活体为血红色，它的幼虫寄生于水蚤体内，当鲤吞食阳性水蚤而感染。幼虫通过肠道钻到鲤腹腔生长发育成熟，雌雄虫在腹腔或鳔中交配，雌虫到鳞下寄生，该虫的寿命仅一年。

【病症】 雌虫在鳞片下吸取鱼体的营养，发育长大。并破坏皮下组织，使鳞囊胀大，鳞片松散、竖起，有时导致鳞片脱落，周围组织又由于虫体活动受到损伤，引起肌肉发炎，继发感染细菌和水霉，严重时造成死亡。病鱼的鳞片部位有凸起、发红现象，如将鳞片翻开，可见盘曲在鳞囊中的红色线虫。在冬季由于虫体幼小，体呈淡红色，鳞囊也不肿胀发红，要括取鳞下黏液，仔细镜检才能发现。

【流行情况】 此病又叫"红线虫病"，在长江流域、东北和华北地区流行较广，主要危害2龄以上的鲤、红鲤、锦鲤。大量寄生时会造成亲鱼不能产卵繁殖，严重时甚至死亡。

【防治方法】

（1）用生石灰带水清塘，以杀灭水中幼虫和阳性水蚤，切忌用茶籽饼清塘。茶籽饼不仅不能杀死幼虫，还会延长其寿命。

（2）用2％的食盐水浸洗鱼体，浸洗15～20分钟，效果显著。

（3）用高锰酸钾或碘酒，涂抹病灶部位，注意药液不能进入鳃部。

（4）用90％的晶体敌百虫全池遍洒，每立方米水体用药0.2～0.5克，杀灭池中的中间宿主。

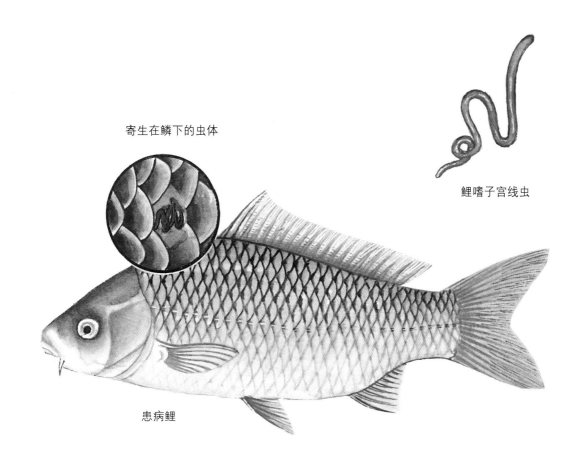

寄生在鳞下的虫体

鲤嗜子宫线虫

患病鲤

图83　鲤嗜子宫线虫病

84．鲫嗜子宫线虫病

【病原】由鲫嗜子宫线虫的雌虫引起。主要寄生在鲫的尾鳍条间膜中，偶尔也有寄生在背鳍、臀鳍上，还曾在鱼体腹腔中发现过成熟的雌虫。虫体为血红色，体表布满排列不规则的透明疣突。体长22～50毫米，比鲤嗜子宫线虫短得多，但内部结构甚为相似。雄虫很小，寄生在腹腔和鳔内。生活史与鲤嗜子宫线虫相似，中间宿主为剑水蚤。

【病症】在春季，虫体在尾鳍上发育成熟和钻破鳍条组织时，症状较明显，鳍条充血，鳍条基部发炎，鳍条破裂，往往感染水霉菌使病情加重。将鳍条剪开，对光用肉眼检查或在解剖镜下观察，可见红色虫体。也可见到红色体液在虫体内流动，虫体在鳍条之间与鳍条平行，将鳍条撕开，虫体就可以暴露出来。

【流行情况】虫体的雌虫主要寄生在鲫的尾鳍上，金鱼也能感染，危害性不及鲤嗜子宫线虫大。但病原分布广，全国各地均有发现。

【防治方法】

（1）用细针挑出虫体，然后用5％的苯扎溴铵稀释100倍后的溶液涂抹伤口，每天1次，连续3次。或用1％的高锰酸钾涂擦病灶部位。

（2）遍洒溴氯海因粉，水温25℃以上时，每立方米水体用药0.03克；水温24℃以下时，用药0.04克。促使鱼体伤口愈合。

（3）用2％的食盐水浸洗鱼体15～20分钟。

（4）鱼种下塘前务必用生石灰带水清塘，以杀灭其幼虫和中间宿主剑水蚤。

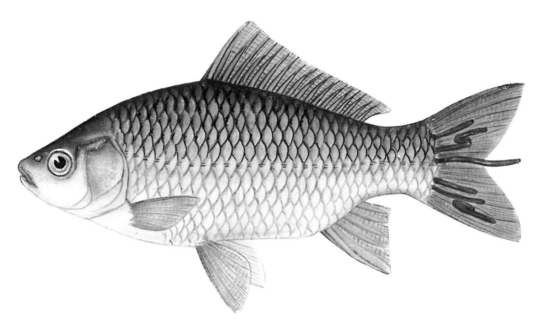

患病鲫尾鳍上寄生的虫体

图84 鲫嗜子宫线虫病

85. 黄颡鱼似嗜子宫线虫病

【病原】由一种似嗜子宫线虫的雌虫引起。虫体粗壮，呈血红色，体两端钝圆，比中段略细，体表布满不规则排列的透明疣突。发育成熟的雌虫子宫，充满活动的幼虫。繁殖方法与嗜子宫线虫相似。雌虫体长20～40毫米，其中间宿主为台湾温剑水蚤，每年4～6月繁殖，幼虫能在水中自由生活4天。悬浮于水上层，黄颡鱼吞食阳性台湾温剑水蚤而被感染。每年9～10月雌虫由腹腔迁至眼窝中定居下来，发育成熟，寿命为一年。

【病症】一般在4～5月鱼体病症明显，表现为眼眶四周发炎充血，虫体不断长大，压迫眼睛，导致眼球突出，有时突出高达2～4毫米。头一年的9、10月虫体淡红色或无色透明，在眼膜下可见虫体蠕动，但很少发炎现象。眼睛也并不突出，所以不易被注意。在雌虫因繁殖后代钻出眼膜后，造成破损，往往继发感染细菌或水霉，严重时造成水晶体混浊而失明或眼球脱落。仔细观察鱼的眼部，对红肿眼突的病鱼，先剪开眼周围的肌肉组织，逐渐向眼窝剖进去，如有线虫，就可见虫体盘曲在眼窝内，有时数条缠绕在一起，成熟的虫体呈血红色。

【流行情况】此病主要发生在黄颡鱼的眼窝中，流行于长江中游一带。除黄颡鱼外，还在长吻鮠、粗唇鮠的眼中发现过。大量发病在江西省分宜县江口水库有过报道，其他地区很少流行。

【防治方法】

(1) 用生石灰清塘，杀灭幼虫和中间宿主台湾温剑水蚤。

(2) 用2%的食盐水浸洗鱼体15～20分钟。

(3) 用高锰酸钾或碘酒涂擦病灶部位。

(4) 曾有报道内服杀虫精，杀虫效果好。

患病黄颡鱼眼窝中寄生的虫体

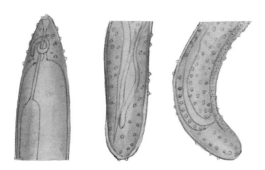

似嗜子宫线虫的头部和尾部

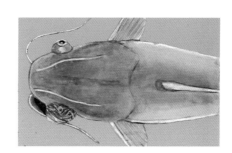

寄生在眼窝中的虫体

图85　黄颡鱼似嗜子宫线虫病

86. 藤本嗜子宫线虫病

【病原】由藤本嗜子宫线虫的雌虫引起。虫体主要寄生在乌鳢的背鳍和臀鳍上，有时尾鳍也有寄生。活体血红色，身体粗而短，两端略细，常呈对折寄生在鳍条间的鳍膜内，头尾朝鳍条的末端，多数弯曲在鳍条两边鳍膜，有时也会在一个鳍膜内。雌虫长25.6 ~ 46.8毫米，体表光滑无疣突。食管前端膨大成肌肉球，肠道粗大而短。中间宿主是刘氏中剑水蚤等，乌鳢因吞食了阳性剑水蚤而感染。

【病症】在长江一带，雌虫在冬季从鱼体内迁到鳍条上，开始虫体小而透明，不易被发现。随着虫体长大，颜色变红，同时由于虫体的蠕动，刺激鳍组织发炎充血、红肿。尤其在翌年5、6月间，雌虫要钻破鳍条组织出来繁殖时，导致鳍条间膜破损，引起溃烂，严重影响鱼的健康。

【流行情况】此病是由于虫体寄生在乌鳢鳍条组织中，往往引起鳍条组织发炎、充血、红肿。病原从我国东北至广东都有分布，乌鳢成鱼是主要寄生对象，一年四季均能流行。给乌鳢生产带来严重的经济损失。

【防治方法】

（1）乌鳢养殖池如发现该虫感染，在5、6月间的虫体繁殖季节，每立方米水体用含90%的晶体敌百虫0.2 ~ 0.5克全池泼洒，消灭幼虫和中间宿主。

（2）在商品鱼中发现虫体，可将鳍条间的虫体挑出，用1%的高锰酸钾或碘酒涂擦病灶部位。

（3）每立方米水体用特效灭虫灵（B型）0.4克，全池泼洒，隔3 ~ 5天再用1次。注意，本药不能与碱性药物合用。

背鳍上的虫体放大

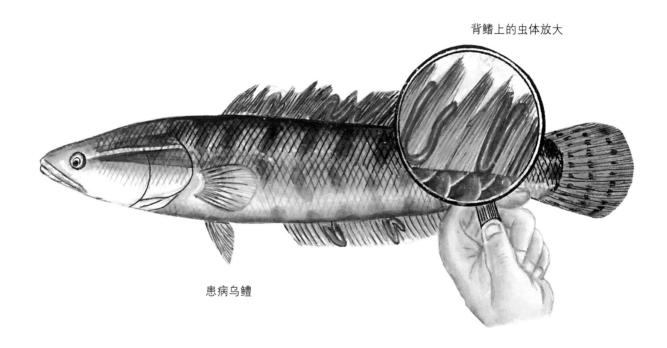

患病乌鳢

图86 藤本嗜子宫线虫病

87．鲇棍形线虫病

【病原】由棍形线虫的雌虫引起。虫体粗短形如棍棒，体长为6.2 ～ 10.17毫米，两端钝圆，活体为血红色。体表无疣突，连接食道的肠前端特别宽大，往后变细，到体尾部仅呈一实体索附于体壁上。没有排泄孔。生殖系统发达，有1个充满整个体腔的发达的子宫，子宫内充满卵或幼虫，子宫两端通向2个细小的卵巢，没有生殖孔。

【病症】在长江流域的6 ～ 7月，虫体成熟时，病鱼鳃盖上或肩带附近，可见一块隆起的红块，仔细观察，在表皮下可见深浅不同的红色虫体盘曲着。鳃盖基部有时有发红的炎症现象。挑开鱼的病灶部位皮肤，如肿块较大挑破时要特别小心，成熟的虫体很容易破裂。用针轻轻挑拨，可将虫体完整地挑出，放在生理盐水中，在解剖镜下可以观察到棍形线虫。

【流行情况】棍形线虫是寄生在鲇和南方大口鲇的鳃盖上或乌喙骨附近皮下组织中，病原分布于长江流域，辽河流域和江苏洪泽湖等地的水域中，目前尚未发现较大的危害。其生活史与嗜子宫线虫相似。因此，在雌虫钻破鱼的皮肤繁殖时，往往继发感染细菌和水霉。

【防治方法】

（1）每立方米水体用含90％的晶体敌百虫0.2 ～ 0.5克，全池泼洒，杀死幼虫和中间宿主剑水蚤。

（2）用1％的高锰酸钾或碘酒涂擦病灶。

（3）用2％的食盐水浸洗鱼体15 ～ 20分钟。

（4）用高锰酸钾和10％的聚维酮碘液，均稀释100倍，涂抹寄生部位。

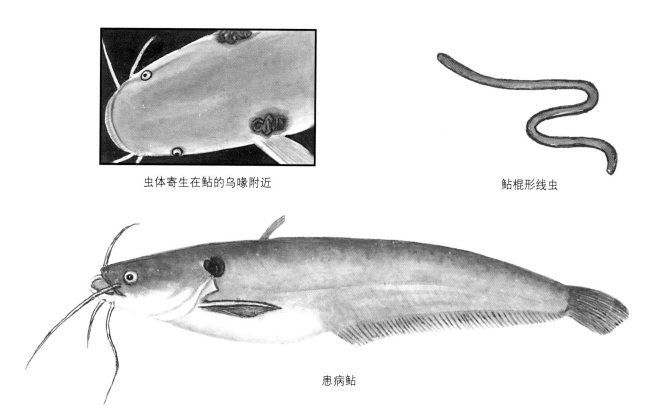

虫体寄生在鲇的乌喙附近

鲇棍形线虫

患病鲇

图87 鲇棍形线虫病

88. 鳗居线虫病

【病原】由球状鳗居线虫和粗厚鳗居线虫寄生引起。球状鳗居线虫体呈圆筒形，体表常有一层透明的表皮膜。雌虫长4～5厘米，头近圆球形，食道前端膨大呈葱头状的肌肉球，肠甚粗大。虫体尾部有4个卵圆尾腺细胞，其中三大一小。雄虫最长4厘米，尾端腹面有一生殖孔。粗厚鳗居线虫的身体粗短，食道呈花瓶状，仅有3个卵圆形尾腺细胞。

这类线虫为胎生，产出的幼虫最后随鱼粪排入水中。在水中能活5～6天，被剑水蚤吞食后幼虫继续发育，鳗鲡吞食阳性剑水蚤，幼虫穿过肠壁进入体腔附着在鳔的外壁，最后侵入鳔室中寄生，发育成为鳗居线虫的成虫。

【病症】线虫在鳔中吸食鳗鲡的血，导致鳔壁充血。当鳔囊感染6～10条虫时，幼鳗呈现贫血消瘦、体色发黑、游动迟钝等症状；感染15条以上时，出现鳔壁增厚，

鳔囊增大，压迫其他内脏及血管，以致腹部坚硬呈块状肿大，腹部皮肤充血，最后肛门红肿外突而死亡。剖开鱼腹，有时能见到鳔外壁发炎充血症状。剪开鳔壁，肉眼可见鳔内有半透明的线虫，虫体有1条黑色的肠道，可统计出线虫的数量。

【流行情况】在鳗鲡饲养过程中，出现多种疾病。其中，以鳗居线虫病的危害最大，引起幼鳗大批死亡。全国沿海各地均有发生，其中以浙江、福建、广东更为流行。

【防治方法】

(1) 用生石灰带水清塘，杀灭幼虫和中间宿主。

(2) 在春季鳗鲡最易感染时节，每立方米水体用含90%的晶体敌百虫0.2～0.4克全池泼洒。

(3) 每千克鱼饲料中加肠虫清2～2.5克或内服克虫威27克，拌饵后投喂，连喂3～5天。

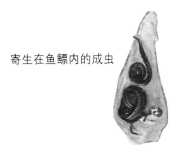

寄生在鱼鳔内的成虫

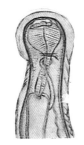

球状鳗居线虫头部

患病鳗鲡腹面观（示虫体钻出腹外）

图88　鳗居线虫病

89. 毛细线虫病

【病原】 由毛细线虫引起的肠道病。虫体细长如线状，头端尖细，向后逐渐变粗，尾部钝圆。体表光滑，口简单。雌虫长4.99～10.13毫米，成熟的子宫内有1串柠檬形的卵；雄虫长1.90～4.15毫米，体尾部有1条细长的交合刺。卵生，卵随鱼粪便排入水中，沉于水底或附着在水草等附着物上，5～10天发育成含胚卵。在水温20～30℃条件下，可存活30天左右，鱼吞食含胚卵而被感染。

【病症】 虫体以头部钻入鱼类肠壁的黏膜层内，破坏肠壁组织而使其他致病菌侵入肠壁，引起发炎并可致死亡。少量寄生时，若幼鱼感染1～3条线虫往往不显病症；感染4条以上会出现鱼体消瘦，体色变黑，离群独游。长度1.7～6.6厘米的青鱼和草鱼，平均感染7条以上就会引起大批死亡。剖开鱼腹，取出整个肠道，用解剖刀刮下肠内含物和黏液，在解剖镜下可以观察到毛细线虫。

【流行情况】 毛细线虫主要寄生于草鱼、青鱼、鲢、鳙、鲮等鱼的肠中，少量感染往往不显病症。大量感染时，特别是夏花草鱼种，会引起大批死亡。此病在长江中、下游及珠江流域一带流行较为严重。

【防治方法】

（1）用漂白粉加生石灰合剂清塘，每立方米水体用漂白粉10克、生石灰120克。单用生石灰无效。

（2）发病初期，可用90%的晶体敌百虫，按每千克鱼体重每天用0.1～0.15克，拌入豆饼粉30克，做成药饵投喂，连续6天，可有效地杀死肠内线虫。

（3）利用冬季鱼池休闲时间，彻底干塘，暴晒池底至干裂，以杀灭淤泥的含胚卵，杜绝传播。

患病草鱼

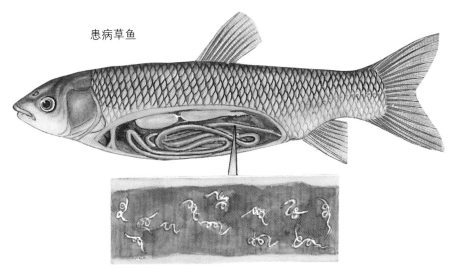

线虫寄生在病鱼肠壁上

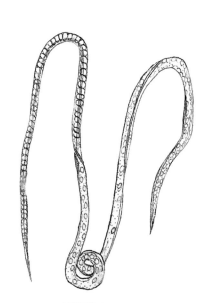

毛细线虫

图89 毛细线虫病

90. 鲩华鱼线虫病

【病原】由鲩华鱼线虫引起。虫体乳白色，呈线形。成熟的雌虫比雄虫大一倍。雌虫长19～23毫米，体宽0.1～0.29毫米；前表光滑，前端钝圆，尾部尖细，成熟的雌虫子宫内充满活动的幼虫。雄虫尾部有发达的尾翼膜，尾部顶端中央有一棒形的突起，有柄肛乳头4对。

【病症】从外表上看，病鱼症状不明显。剖开腹腔，大量感染时，肠系膜间的脂肪消失，鱼体消瘦；少量感染时，对鱼体影响不大，也不显病症。取出内脏，用生理盐水仔细冲洗，冲洗后弃去内脏，观察生理盐水中的虫体，大的肉眼可见，虫体盘曲在一起十分活跃，小的虫体必须在解剖镜下才能辨认。

【流行情况】鲩华鱼线虫寄生在草鱼的腹腔中，肉眼可见，通常附在肠外壁、肝、脾等器官之间。主要寄生于1龄、2龄的大草鱼体腔中，多者可达数百条，致使鱼体消瘦。但未见引起大规模死亡的病例，病原主要分布在长江流域各省和福建省等地。

【防治方法】由于该病未发现引起死亡的病例，故防治方法尚未研究。

患病草鱼腹腔内寄生大量虫体

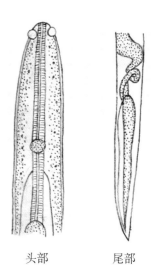

头部　　　尾部

鲩华鱼线虫

图90　鲩华鱼线虫病

91. 本尼登虫病

【病原】由本尼登虫寄生引起。虫体寄生在鱼的体表，形态特异，一目了然。

【病症】多寄生于鱼的体表，也有个别寄生于口腔内。当寄生虫体数量多时，病鱼游动迟缓，常在网箱或其他固着物上摩擦，使身体出现伤口，引起出血溃烂。寄生在口腔内的虫体，破坏口腔黏膜层，发生出血溃烂病症。病鱼食欲减退，体表黏液增多，日渐消瘦，严重影响鱼的生长发育。

【流行情况】该病主要危害真鲷、鲕、鲻、石斑鱼等。春秋两季发病率最高，流行于沿海各省海水养殖区。

【防治方法】

（1）鱼种放养前或转箱时，先用淡水浸洗鱼体5～10分钟，驱除虫体。

（2）治疗病鱼用0.05%的甲醛溶液浸泡4分钟；或用0.25%的碳酸氢钠溶液浸泡病鱼，在水温20～30℃时，浸洗2.5～3分钟。

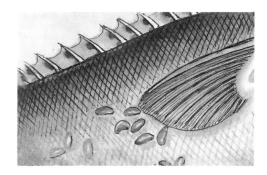

患本尼登虫病的鱼体局部

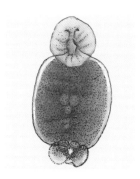

本尼登虫

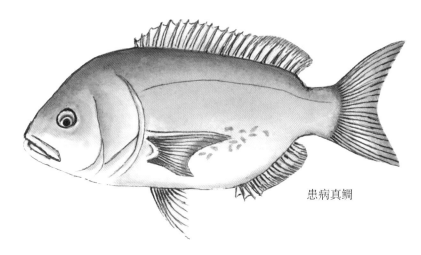

患病真鲷

图91 本尼登虫病

五、甲壳动物引起的鱼病

92. 新鳋病

【病原】由日本新鳋和长刺新鳋寄生引起。日本新鳋头部呈三角形，两边有两个波浪形的起伏。第一胸节特大，后缘似圆形；其余四节急剧减少。生殖节膨大如坛状，宽大于长。卵囊中间粗，两端尖细。长刺新鳋不同的是头部为半圆形，后缘平直，两侧为均匀的弧形，没有波浪形的起伏。

【病症】病鱼身体消瘦发黑，在体表和各鳍上，特别是背鳍、鼻孔附近及尾鳍上，可看到许多小白点。病鱼常出现"浮头"症状。将病鱼背鳍、尾鳍剪下，或刮取这些部位和体表黏液，在解剖镜下观察，即可见到虫体。

【流行情况】此病主要发生在鱼种阶段，寄生在青鱼、草鱼、鲤、鲫、鲢、鳙、鳜、鲇和金鱼等的鳍、鳃耙、鳃丝及鼻腔等处，全国各地均有发现，以湖北、广东和上海流行较为严重。大量寄生时，可导致鱼种死亡。

【防治方法】

（1）用生石灰清塘，杀死水中其卵、幼虫和带虫者。

（2）全池泼洒原虫净，每亩水面（水深1米）用药150～200毫升。

（3）全池泼洒硫酸铜、硫酸亚铁合剂，每立方米水体用硫酸铜0.5克、硫酸亚铁0.2克。

（4）金鱼新鳋病，每立方米水体用20克高锰酸钾溶液浸洗病鱼。水温10～20℃时，浸洗15～20分钟；水温25℃以上时，浸洗10～15分钟。

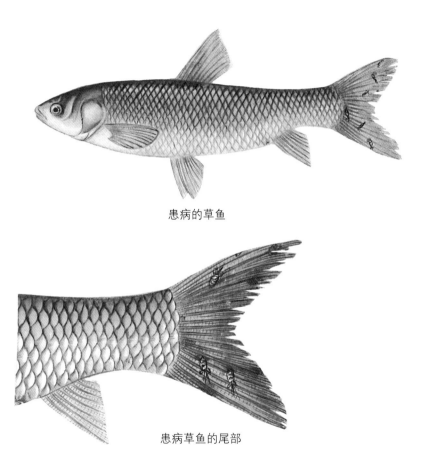

患病的草鱼

患病草鱼的尾部

日本新鳋

图92 新鳋病

93. 中华鳋病

【病原】由大中华鳋、鲢中华鳋和鲤中华鳋三种引起。大中华鳋寄生在草鱼、青鱼、鲇、赤眼鳟、鳡、鳘条和淡水鲑等鳃丝上；鲢中华鳋寄生在鲢、鳙的鳃上；鲤中华鳋寄生在鲤、鲫的鳃上。对鱼类危害较大的是大中华鳋。大中华鳋虫体细长、圆筒形，全身分头、胸、腹三部分。头部为半卵形，与胸部之间有1个较长稍向外突出的假节。第二触肢的第三节特别大，胸部五节，生殖节短小，腹部较长。中华鳋雌雄异体，雌虫营寄生生活，雄虫营自由生活。

【病症】轻度感染时无明显病症，但当严重感染时，如2龄草鱼鳃上有几十只甚至几百只虫。大中华鳋寄生时，由于其强大的第二触肢插入鱼鳃造成机械损伤，使鳃丝发炎、肿胀，影响鱼的呼吸，进而使鱼焦躁不安，最后使鱼体消瘦死亡。

【流行情况】此病又称"鳃蛆病"。主要发生在1龄以上的草鱼、鲢、鳙、鲤、鲫等鳃上，大量寄生时，可引起大批死亡，尤其对草鱼危害最严重。我国北起黑龙江、南至广东均有此病发生。长江流域一带从每年4～11月是中华鳋的繁殖期，该病从5月下旬至9月上旬流行最盛。

【防治方法】

（1）鱼种下塘前，用硫酸铜和硫酸亚铁合剂浸洗病鱼20～30分钟，每立方米水体用硫酸铜5克、硫酸亚铁2克，杀死鱼体上的中华鳋幼虫。

（2）病鱼池用蛛虫必杀（蜂房芽孢杆菌B-91）每立方米水体用药0.06毫升，全池泼洒，杀死中华鳋幼虫和成虫。

（3）根据中华鳋对寄主有严格选择性的特点，采取轮养方法进行预防。

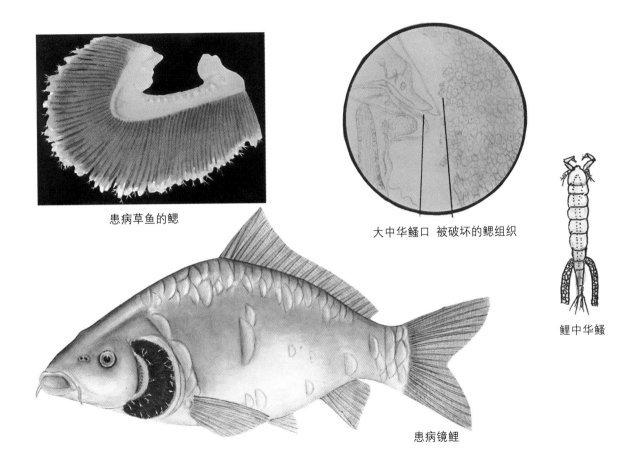

患病草鱼的鳃

大中华鳋口 被破坏的鳃组织

鲤中华鳋

患病镜鲤

图93 中华鳋病

94. 锚头鳋病

【病原】 由多种锚头鳋寄生引起。常见的有4种，寄生在鲢、鳙体表、口腔的为多态锚头鳋；寄生在草鱼鳞下的为鲩锚头鳋；寄生在草鱼鳃弓上的为四球锚头鳋；寄生在鲤、鲫、鲢、鳙、乌鳢、金鱼等为鲤锚头鳋。对鱼危害最大的为多态锚头鳋。锚头鳋体大、细长，呈圆筒形，肉眼可见。虫体分头、胸、腹三部分，但各部分之间没有明显界限。寄生在鱼体的为雌虫，生殖季节其排卵孔上有1对卵囊。

【病症】 锚头鳋把头钻入鱼体吸取营养，使鱼体消瘦。鱼体被锚头鳋钻入的部位，鳞片破裂，皮肤肌肉组织发炎红肿，组织坏死，水霉菌侵入丛生。锚头鳋露在体外部分，常有钟形虫和藻菌植物寄生，外观好像一束束的灰色棉絮。鱼体大量感染锚头鳋时，好像披着蓑衣，故称"蓑衣病"。此病对鱼种危害最大。

【流行情况】 此病为全国普遍性的常见鱼病，其中以南方最为严重。在鱼种和成鱼阶段均可感染，可在短时间内引起鱼种暴发性死亡。锚头鳋在水温12～33℃都可繁殖，对淡水各种鱼类都可造成危害，尤其对鱼种危害最大，当有4～5只虫寄生时即可引起死亡。对2龄以上的鱼，一般不会引起大量死亡，但影响鱼体生长发育，商品价值降低。在鳗养殖中也发现锚头鳋寄生在鳗的口腔中，一条体重100克左右的鳗鲡若寄生5只虫体，就会造成不能摄食而饿死。

【防治方法】
（1）用生石灰清塘消毒，可以杀死水中锚头鳋幼虫。
（2）鱼种放养前，每立方米水体用高锰酸钾10～20克，药浴鱼体0.5～1小时，便能够杀死鱼体的全部幼虫和部分成虫。
（3）用蛛虫必杀遍洒全池，每立方米水体用药0.06克，隔7天泼洒1次。
（4）用4～5根号筒杆枝叶扎成捆，每亩水面（水深1米）放7～9捆，浸出汁液，有一定的防治作用。

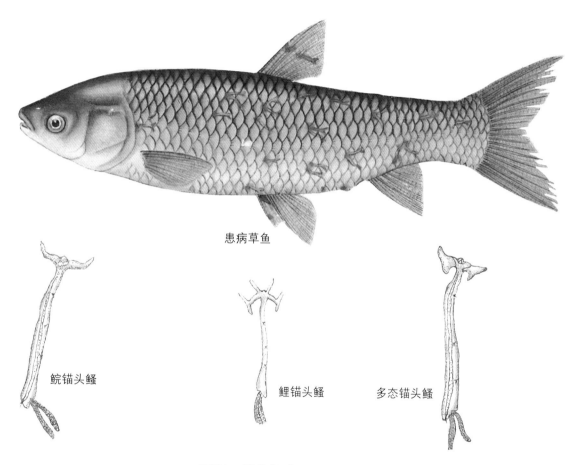

患病草鱼

鲩锚头鳋

鲤锚头鳋

多态锚头鳋

图94 锚头鳋病

95. 狭腹鳋病

【病原】由中华狭腹鳋、东方狭腹鳋、鲫狭腹鳋引起的鱼病。中华狭腹鳋寄生在乌鳢和月鳢鳃上；东方狭腹鳋寄生在红鳍鲌、翘咀鲌、赤眼鳟等鱼鳃上；鲫狭腹鳋寄生在鲫鳃上。中华狭腹鳋虫体较长，头部圆形，颈部两侧呈弧形凸起，头较宽大，胸部第2～4节愈合在一起，并膨大呈圆筒状。腹部特别长，分为3节，尾叉及卵囊皆细长。东方狭腹鳋、鲫狭腹鳋体背腹扁平，呈圆筒状，躯干部较长而粗壮，腹部较短。

【病症】病鱼早期没有明显症状，严重时鳃上黏液增多，鳃组织受损，病鱼因呼吸困难而死，虫体较大，用肉眼检查就能识别此虫。

【流行情况】中华狭腹鳋在我国从南至北均有发现，鲫狭腹鳋至今仅在长江中、下游发现。长江流域狭腹鳋的产卵季节为4～11月，在夏季大量寄生时，可引起病鱼死亡。

【防治方法】

（1）彻底清塘，杀灭虫卵和幼虫。

（2）鱼种放养前，每立方米水体用高锰酸钾10～20克，药浴鱼体10～30分钟。

（3）全池用晶体敌百虫和硫酸亚铁合剂泼洒。每立方米水体用晶体敌百虫0.5克和硫酸亚铁0.2克。

（4）全池遍洒强效杀虫灵和硫酸亚铁，每立方米水体用强效杀虫灵0.3～0.4克、硫酸亚铁0.2克。

（5）每千克鱼饲料中加鱼虫清2～2.5克，拌匀后制成水中稳定性较好的颗粒饲料投喂，连喂2～3天；或每千克鱼饲料中加内服型克虫威27克，拌匀后制成水中稳定性好的颗粒饲料投喂，连喂2～3天。

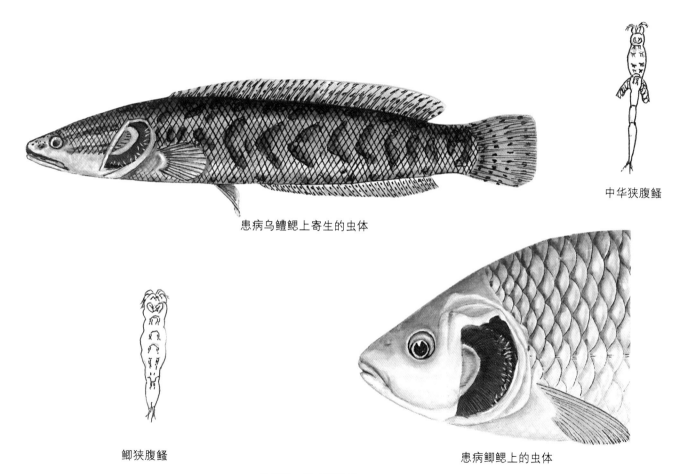

中华狭腹鳋

患病乌鳢鳃上寄生的虫体

鲫狭腹鳋

患病鲫鳃上的虫体

图95　狭腹鳋病

96. 鲺 病

【病原】由日本鲺、大鲺、中华鲺引起的鱼病。日本鲺寄生在草鱼、青鱼、鲢、鳙、鲤、鲫、鳊、鲮、金鱼等鱼的体表和鳃上；寄生在草鱼、鲢、鳙体表的为大鲺；而中华鲺寄生在乌鳢和鳜的体表。其形态以日本鲺为例，活体呈透明淡灰色。虫体分头胸、胸和腹三部分，背甲近圆形，背面有一个V形的透明沟，腹面的前缘和两侧布满倒生的小刺，侧叶末端钝圆，左右两侧叶不互相重叠。后窦矩形，腹部不分节，长度为背甲长的1/3，边缘生小刺，尾叉基位。

【病症】在病鱼的体表、鳍和鳃盖内侧，肉眼可见形如大臭虫大小的虫体。鱼鲺以第二小颚特化成的吸盘附着，用口前刺刺入皮肤，将毒液注入鱼体，使其发炎充血，以便吸食。鲺腹部有许多倒刺，在鱼体上爬行，加之大颚撕破皮肤，形成伤口，使鱼不安，影响吃食，鱼体消瘦从而引起死亡。

【流行情况】此病又称"鱼虱病""鱼龟病"。其幼虫和成虫都营寄主生活。对寄主有一定的选择性，但不严格。各种养殖鱼类和观赏鱼类的幼鱼、鱼种和成鱼都能感染此病。其中对鱼种危害最大，严重感染时，可致鱼死亡。全国各地皆有发现，在长江一带以6～8月为流行盛期。

【防治方法】

（1）用生石灰清塘，可杀死鱼鲺的成虫、幼虫和卵块。

（2）用90%的晶体敌百虫全池遍洒，每立方水体用药0.5克。

（3）防治金鱼鲺病：可将金鱼放入每升水含0.5克90%的晶体敌百虫溶液中浸洗1分钟，鱼鲺会全部脱落死亡。

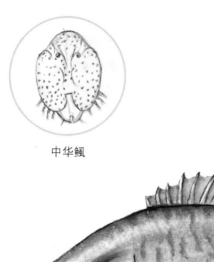

中华鲺

日本鲺

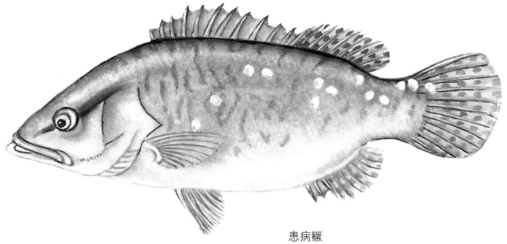

患病鳜

图96 鲺 病

97. 马颈鱼虱病

【病原】 由马颈鱼虱和拟马颈鱼虱寄生引起。马颈鱼虱雌虫寄生红鳍鲌鳍上，对鱼危害不大；而拟马颈鱼虱的雌虫寄生在中华鲟、白鲟鳃、口腔和鳍条上，对鱼有较大的危害。拟马颈鱼虱为大型的寄生桡足类，雌虫最大的体长可达15毫米，活体时呈白色或乳白色，身体分为头胸部和躯干部。头胸部背面观呈三角锥形，躯干部较为宽大，近似方形，两侧中部和后端各有对圆形侧叶，第一颚足特别细长，其顶端有一五角形的固着器。

【病症】 病鱼消瘦，体色苍白。虫体以五角形的固着器深深地插入寄主的组织里。而其余部分皆裸露鱼体之外，第一颚足可以不断地绞绕扭转。虫体寄生部位发炎，血管扩张呈蛛网状，组织溃烂。仔细观察鱼的鳃、口腔、颚、咽和鳍条，便可以看到虫体。

【流行情况】 在新兴的中华鲟养殖中，发现了因拟马颈鱼虱寄生而引起的死亡病例。此病主要发生在长江中、上游一带。

【防治方法】

（1）在饲养中华鲟的病鱼池，每立方米水体用0.2克90%的晶体敌百虫全池遍洒。

（2）若中华鲟少量感染，可用镊子取去虫体，然后涂擦四环素软膏或碘酒进行消毒。

（3）将病鱼放入2%～2.5%的食盐溶液中浸洗1小时左右，有较好的疗效。

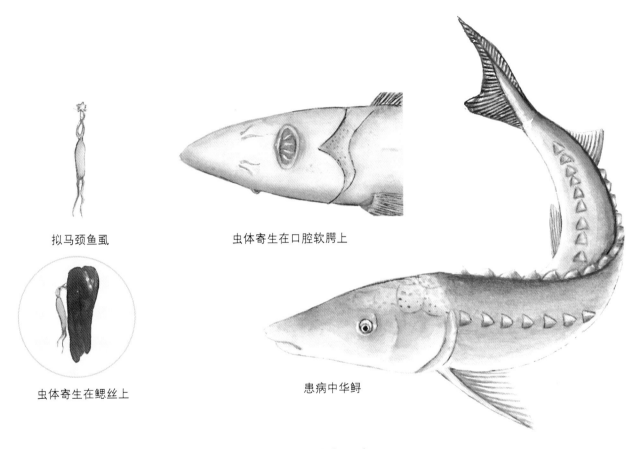

拟马颈鱼虱

虫体寄生在口腔软腭上

虫体寄生在鳃丝上

患病中华鲟

图97 马颈鱼虱病

98. 鱼 怪 病

【病原】由日本鱼怪寄生引起。雌怪比雄怪大一倍以上，呈乳酪色，常向左或向右扭曲。怀卵时，呈笨重的圆球形。雄怪长卵形，身体左右对称。鱼怪身体分头、胸、腹三部分。头部较小，呈三角形，深沉于胸部，背面两侧有2只复眼。胸部由7节组成，宽大而隆起；腹部6节，后节称尾节。

【病症】在病鱼胸鳍附近的鳍基处，皆有一个似黄豆大小的椭圆形孔口，个别有两个，鱼怪即寄生在孔内。由于鱼怪的寄生，可引起寄主烦躁不安，身体失去平衡，鳃和皮肤大量分泌黏液，体表充血，从而导致死亡。剪开孔口，就可看到寄生于囊内的鱼怪。一般成对的寄生，少数只有一只虫体，多为雌鱼怪。

【流行情况】鱼怪主要危害鲫、麦穗鱼和雅罗鱼等的鱼种。鱼怪病在我国流行面较广，尤以云南、山东最为严重。长江一带4～6月为其繁殖季节，一条鱼种只要寄生一只鱼怪便可引起死亡。

【防治方法】

（1）网箱养鱼时，在鱼怪释放幼虫的6～10月，按网箱水体，每立方米水体用含90%的晶体敌百虫1.5克；或用含80%的敌敌畏乳剂0.5克遍洒，均可杀死网箱中的鱼怪幼虫。

（2）加强对患病的鲫、麦穗鱼、稚罗鱼的捕捞，以免鱼怪病的传播。

（3）用漂白粉与晶体敌百虫合剂（5∶2）全池泼洒，每立方米水体用合剂0.8克。即每立方米水体用漂白粉0.57克、晶体敌百虫0.23克，效果也很好。

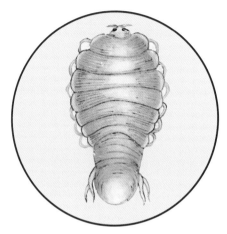

日本鱼怪

虫体寄生在鲫体内的孔口

图98 鱼 怪 病

六、真菌、藻类引起的鱼病

99. 肤霉病

【病原】主要由肤霉中的水霉和绵霉两属的种类引起。菌丝为管形没有横隔的多核体，深入鱼体的内菌丝，它纤细的分支繁多，扎在皮肤和肌肉内，吸取寄主养料。露在鱼体外的部分叫外菌丝，粗壮而分支少，形成肉眼能见的白色棉絮状物。水霉有无性繁殖和有性繁殖两种方式。

【病症】发病初期，肉眼看不出特殊病症。当肉眼已看出病症时，菌丝已向内深入肌肉组织，向外长出棉絮状菌丝，故称"生毛"。并易感染细菌，使鱼体组织坏死，同时食欲减退，游动失常，最后死亡。

【流行情况】一年四季均有此病出现，全国各养鱼区都有流行。此类霉菌对寄主没有严格的选择性，各种养殖鱼类和观赏鱼类，从鱼卵到各年龄阶段都可感染。患病的主要原因是因捕捞搬运使鱼体受伤，以致霉菌侵入伤口而引起发病。还有在水温15～20℃的春季，最适合肤霉菌的生长繁殖，从而感染鱼卵和幼鱼，引发肤霉病。

【防治方法】

（1）用食盐水与小苏打混合剂浸泡病鱼，每立方米水体用食盐和小苏打各400克。

（2）每千克鱼体重用五倍子0.1克拌饲料投喂，每天2次，连投5～7天。

（3）防治水族箱饲养观赏鱼的肤霉病时，如在100厘米×55厘米×45厘米的水族箱顶端安装15瓦紫外线灯，每天照射数小时，可有效地抑制或消除肤霉菌。

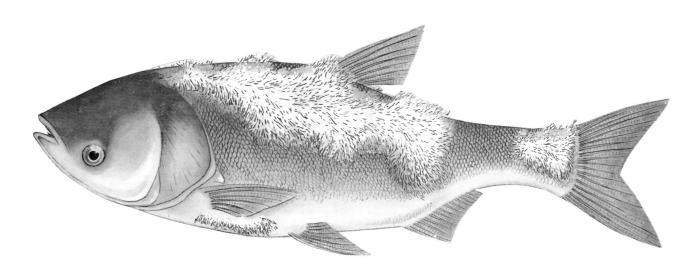

患病鳙

图99 肤霉病

100. 鳃霉病

【病原】由一种未定名的鳃霉菌引起。菌丝体比较粗直而少弯曲，通常是单枝延长生长，菌丝直径为20～25微米，孢子的直径为7.4～9.6微米，平均为8微米。菌丝分支很少，不进入血管和软骨，仅在鳃小片的组织生长。

【病症】急性型发病，鱼在出现病情后几天内即大量死亡。病鱼不摄食，游动缓慢，鳃瓣有点充血，部分鳃丝颜色苍白；慢性型发病，鱼的死亡率低一些，并逐渐死亡，鳃丝呈坏疽性崩解，坏死的部位腐烂脱落，在脱落处形成缺陷，也由于贫血，鳃丝苍白色。肉眼如见上述症状，则必须进行镜检。剪下少许腐烂的鳃丝，在显微镜下观察，如果有分支状的菌丝存在，便可确定此病。

【流行情况】此病在广东、广西地区常出现，长江流域也有发生。在水质很坏、有机质含量很高的发臭池塘最易引起患此病。常在5～10月发生，6～7月为流行盛期，发病率可达70%～80%，死亡率可高达90%，危害甚为严重。

【防治方法】

（1）发现此病后应迅速加注新水，或将鱼迁移到水质较瘦的池塘，这样可以防止病情继续发展。

（2）用禽用红霉素或利凡诺全池遍洒，每立方米水体用红霉素0.3～0.5克，或利凡诺1～1.5克。

（3）每立方米水体用漂白粉1克，全池遍洒。

患病白鲢的鳃部病变

动孢子囊

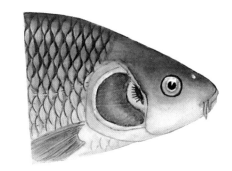

病鲤的鳃部病变

动孢子囊
及动孢子

菌丝

鳃组织的
菌丝分布

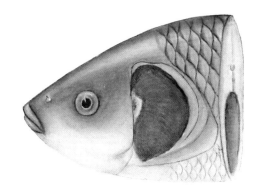

患病草鱼的鳃部病变

图100　鳃霉病

101. 卵甲藻病

【病原】 由嗜酸性卵甲藻引起。成熟的个体呈肾状，宽大于长，宽102～155微米、长83～130微米。体外有一层透明的玻璃状纤维壁，体内充满淀粉粒和色素粒。中央有1个圆形的细胞核。成熟的卵甲藻用纵分裂法繁殖，分裂成128个子体时，每个子体分裂1次，形成裸甲子。裸甲子在水中迅速地自由行动，与鱼类一接触就附着鱼体，然后脱落鞭毛，静止下来，开始营寄生生活。

【病症】 发病初期鱼在水中拥挤成团，病鱼背鳍、尾鳍及背部先后出现白点，体黏液增多。随着卵甲藻的繁殖，体上白点可以蔓延至全身。发病后期，体上白点连成一片，全身像裹了一层白粉，因而有"打粉病"或"白磷病"之称。这时鱼的食欲减退，游动迟缓，常呆浮于水面，"粉块"脱落处也容易发生溃烂，并发肤霉病。最后病鱼因瘦弱，大批死亡。用镊子取下少许粉状物在显微镜下检查，可见许多肾状的卵甲藻。

【流行情况】 此病在我国流行很广，全国各地各种养殖鱼类和观赏鱼类几乎都可感染，但以草鱼、鲢及金鱼最为敏感。进池半个月的鱼苗和刚转入培育"冬片"的鱼种最易发生此病。池水呈酸性（pH5～6.5）、水较浅（一般不到0.7米）、水温低、鱼种放养密度大、缺乏饲料时，最适合此病流行。

【防治方法】

（1）将病鱼立即移至微碱性的鱼池中，或在发病鱼池遍洒生石灰，每亩水面（水深1米）用生石灰10～20千克。将池水pH调节到7.5～8，可起到治疗作用。

（2）鱼种放养前，每亩水面（水深1米）用150千克生石灰彻底清塘，杀灭水中的嗜酸性卵甲藻，可预防此病发生。

（3）每立方米水体用硼砂10～25克与生石灰5～20克全池遍洒，可使嗜酸性卵甲藻脱落。

患病草鱼种

成熟的嗜酸性卵甲藻

自由游泳的卵甲子

患病鳙

图101 卵甲藻病

七、不良水质、缺食引起的鱼病

102. 泛　　池

【病因】此病又称"翻塘"。由于水中缺氧造成鱼类窒息所致。如果水中的含氧量降低到不能满足鱼类生理上所需时，轻者感到呼吸困难，浮于水面，用口呼吸空气，这种现象称为"浮头"。严重时出现"翻塘"，引起鱼类窒息死亡。泛池多发生在夏季和初秋，尤其在雷鸣无雨或短时的雷雨后，这时气压偏低、池底水温高于表层，引起水的对流，池底腐殖质也随之翻起，腐殖质分解大量耗氧，故而引起缺氧泛池。夏季黎明之时，也常发生浮头现象，这是由于夜间腐殖质及鱼的排泄物分解大量耗氧，加之池水过肥，大量藻类的呼吸消耗大量耗氧，故而引起鱼池缺氧，发生"浮头"甚至泛池。

【病症】早晨巡塘，如发现鱼"浮头"日出后仍不下沉，说明池中严重缺氧。长期"浮头"会出现下颚突出，背部颜色变淡，生长缓慢，半夜就开始在池中狂游乱窜，横卧水面，奄奄一息。如不及时抢救，不久就会出现大批死亡。

【防治方法】

（1）冬季干塘时，彻底清除池底污泥。

（2）放养密度不能过大，投饵不宜过量。特别在天气闷热突变时，要减少投饵量或停止投饵。

（3）平时注意加注新水，开动增氧机。

（4）施用速效鱼浮灵急救（见产品使用说明书）

（5）施用复方增氧剂急救。一般每亩水面（水深1米）用4～6千克，半小时后可以平息"泛池"。

（6）施用过氧化钙抢救。一般每亩水面（水深1米）施3～5千克，不仅能解救"泛池"，还能增加水体钙质，提高pH，改善水质。

图102 泛 池

103. 气 泡 病

【病因】池塘施放过多未经发酵的肥料，肥料在池底不断分解，消耗水中氧气。并释放出许多细小的甲烷和硫化氢的小气泡，鱼苗将这些小气泡误以浮游生物吞食，气泡在肠内积累多时，使鱼体上浮，失去下沉能力，或因小气泡黏附鱼的体表和鳃丝上，使鱼漂浮于水面。水中气体过饱和，是引起气泡病的主要原因。如水中含氧量超过14.4毫克/升时，体长1厘米的鱼苗就可以发生气泡病。水中溶氧量过饱和是由于水中藻类大量繁殖，在水温高、光照强烈时，光合作用旺盛而形成。水中氮气含量达到过饱和时，也可引起气泡病。

【病症】病鱼肠道和鳃丝上出现气泡，当气泡不多时，鱼还能抵挡其浮力而向下游动；但气泡过多时，病鱼身体失去平衡，尾部向上、头部向下，时游时停，随着气泡的增多及体力的消耗，鱼失去自由游动而浮在水面，最后引起死亡。此病主要危害鱼苗。

【防治方法】

（1）不施未经发酵的肥料，注意投饵和施肥不要过量。

（2）保持水质清新，避免浮游植物过多繁殖。

（3）病鱼池要及时注入新水，病情轻的能在清水中排出气泡，恢复正常。

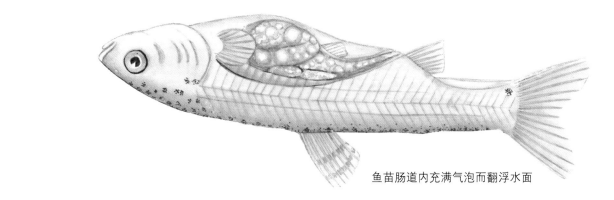

鱼苗肠道内充满气泡而翻浮水面

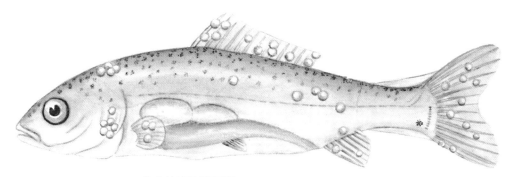

鱼苗体表沾满气泡

图103 气泡病

104. 弯体病

【病因】有下列四方面因素引起：

(1) 由于水中含有重金属盐类，刺激鱼的神经和肌肉组织收缩所致。在旧鱼塘中，土壤中的重金属盐类大都已经溶解，或含量极微，因此一般不发生弯体病。但新开的鱼池，就容易患此病。

(2) 缺乏某种营养物质而产生畸形。据报道，当饵料中缺乏维生素C时，斑点叉尾鲴长得慢，饵料系数高，45%的鱼会引起畸形，沿脊椎骨内有出血区。缺乏钙和磷，都可引起脊椎弯曲。

(3) 胚胎发育受外界影响，或鱼苗阶段受机械损伤，都会使鱼体弯曲变形。

(4) 受寄生虫侵袭。如某些黏孢子虫和复口吸虫较大量地侵袭鱼体或在鱼体大量繁殖时，会引起身体弯曲变形。

【病症】患弯体病的鱼，主要身体发生S形弯曲，有时身体弯成2～3个屈曲，有时只有尾部弯曲，鳃盖凹陷或嘴部上下颚等出现畸形，病鱼生长缓慢、消瘦，严重时引起死亡。

【防治方法】

(1) 由于此病多发生在鱼苗、鱼种阶段，故新开辟的鱼池最好先放养1～2龄的成鱼。

(2) 加强饲养管理，多投喂一些含钙、磷及维生素C的饲料。发病时，一方面换水，另一方面投喂营养丰富的饲料。

(3) 如发现由黏孢子或复口吸虫引起的弯体病，可按治疗黏孢子虫病或复口吸虫病的治疗方法处理。

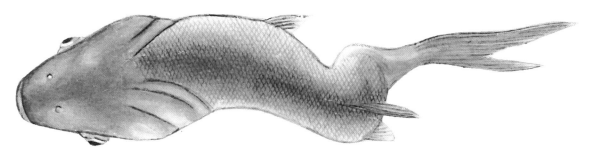

患弯体病的鳙背面观

患弯体病的草鱼腹面观

图104 弯 体 病

105. 萎瘪病

【病因】主要由于放养过密、饵料不足，以致一些鱼类因得不到足够食料而患萎瘪病。鳙的鱼种后期阶段最易患此病。

【病症】病鱼体色发黑，身体干瘪、消瘦，背似刀刃，身体两侧肋骨可见。病鱼往往沿池边迟钝地游动，无力摄食，病鱼鳃丝苍白，呈严重贫血现象，不久即死亡。

【防治方法】

(1) 掌握放养密度，加强饲养管理，投放充足精料。

(2) 当发现鱼患萎瘪病后，尤其要多投精饵，在发病早期可恢复健康。

(3) 防治金鱼萎瘪病，可采取降低饲养密度，及时增氧或更新水体，定时投喂并给予光照。每立方米水体中用4～5片捣碎的强的松溶于水中，每天让金鱼在此溶液中浸浴30分钟后再捞入清水中饲养，这样可增强鱼体的新陈代谢作用，提高鱼体活力，能有效地预防和治愈金鱼萎瘪病。

患萎瘪病的鳙

图105 萎瘪病

106. 跑 马 病

【病因】由于鱼苗缺乏适口饵料而引起。鱼苗下塘后，如遇阴雨连绵，水温较低，浮游生物繁殖不起来，鱼苗缺乏适口饵料，或鱼池渗漏，或遇洪水入池冲淡池水等，使池水清淡，都会引起跑马病。

【病症】鱼苗成群结队地围绕池边狂游不停，如跑马状，故称跑马病。由于鱼苗绕池边狂游，过分消耗体力，使鱼体消瘦，体力枯竭，最后引起鱼苗大批死亡。

【防治方法】

（1）鱼苗不要放养过密，特别是草鱼、青鱼的鱼苗。

（2）加强饲养管理，鱼苗下池后，要投喂一些豆浆和豆渣等鱼苗适口饵料。

（3）防止鱼池漏水，保持池水一定的肥度，可避免此病发生。

（4）用芦席从池边向池中横立，以隔断鱼苗成群狂游路线，并投豆浆、蚕蛹等精饵。

鱼苗、鱼种围绕池周结群狂游

图106 跑 马 病

八、其他敌害生物引起的鱼病

107. 中华颈蛭病

【病原】由营寄生生活的中华颈蛭引起。中华颈蛭又名中华气囊蛭，俗称"蚂蟥"。虫体呈椭圆形，背部稍隆起，体长3.4～6.5厘米、宽0.8～2.2厘米。呈淡黄色或灰白色，环带处呈粉红色。前有一个前吸盘，下接一狭而短的颈部，口位于前吸盘中，眼2对。后吸盘较前吸盘大，肛门开口在后吸盘的背侧。该虫的主要特点是，体侧有膜质圆形的皮肤囊11对，除第一对外，都在每节的第三、四环轮两侧突出。这些小囊具有呼吸作用，并能有节律地搏动。

【病症】由于该虫以吸取寄主的血液作为营养，被寄生处的表皮组织受破坏，引起贫血和继发性疾病。严重时病鱼因体质瘦弱、呼吸困难、失血过多而死亡。打开病鱼鳃盖，肉眼可见虫体，用显微镜观察被破坏的鳃丝是否有继发性的病原入侵。

【流行情况】中华颈蛭常寄生在鲤和鲫的鳃盖内和鳃上。此病多流行于春季，在我国从南到北都有发现。除个别水体鲤、鲫感染率较高外，一般都很少感染。

【防治方法】
(1) 用生石灰清塘，对此病有一定的预防作用。
(2) 拔除病鱼体上的虫体，用火焚毁。

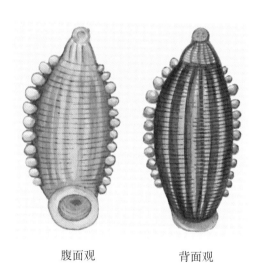

腹面观   背面观

中华颈蛭

患中华颈蛭病的鲫头部

图107　中华颈蛭病

108. 尺蠖鱼蛭病

【病原】 由尺蠖鱼蛭寄生引起的鱼病。虫体长圆筒形，背腹稍扁。虫体2～5厘米，虫体常随寄主的颜色而变化，一般褐绿色。身体前后端各有一吸盘。口位于前吸盘腹面，能伸到体外吸取鱼血。肛门开口于后吸盘基部的背面。雌雄同体，异体受精或自体受精。鱼蛭把卵产在黄褐色的茧内。茧附着于水底各种物体上，如植物、石块、树桩等，从卵里孵出来即成鱼蛭。

【病症】 少量寄生对鱼危害不大；大量寄生时，尤其是鱼种，因为鱼蛭在鱼体上爬行及吸血，鱼表现不安，常跳出水面。被破坏的鱼的体表呈现出血性溃烂，若鳃被侵袭时，病鱼呼吸困难，严重时可引起死亡。同时，鱼蛭又常离开鱼体到另一鱼体营暂时性寄生生活，所以又是锥体虫病及一些细菌性鱼病的传播者，危害就更大。

【流行情况】 尺蠖鱼蛭主要寄生在鲤、鲫等底层鲤科鱼类的皮肤、鳃或口腔内。在我国长江下游、华北和东北地区发现较多，但感染率不高。

【防治方法】
(1) 用生石灰清塘消毒，杀死病原生物和池底的虫卵。
(2) 用2.5%的盐水浸洗病鱼0.5～1小时；或用0.2%的二氯化铜浸洗病鱼15分钟。治疗后鱼蛭从鱼体上脱落下来，再用机械方法在远离鱼池的地方将鱼蛭消灭。

患尺蠖鱼蛭病的鲤

图108　尺蠖鱼蛭病

109. 钩介幼虫病

【病原】 由蚌类的钩介幼虫寄生引起。常见的为背角无齿蚌（又名河蚌）和杜氏珠蚌的钩介幼虫。虫体有两片几丁质壳，略呈杏仁形，壳片中央有一个鸟喙状的钩，钩上排列许多小齿，背缘有韧带相连。从侧面看，可看到闭壳肌有4对刚毛。在闭壳肌中间有1根细长的足丝，虫体长0.26 ～ 0.29毫米、高0.29 ～ 0.31毫米。幼虫在鱼体上寄生时间，随水温高低而定，一般为10 ～ 20天，若水温低在8 ～ 10℃时，则有80天。在寄生期间吸取鱼体营养进行变态，成为幼蚌，然后破囊而出沉于水底，营底栖生活。

【病症】 病鱼的皮肤、鳍、鳃上肉眼可看到白色小点，用解剖镜检查就可以看到寄生的钩介幼虫。虫体用足丝黏附在鱼体上，用钩钩住鱼体。鱼体组织受到刺激，引起周围的组织增生，微血管阻塞，色素消退，逐渐将幼虫包在里面，形成胞囊。大量寄生对鱼的影响很大，如寄生在嘴角、口唇或口腔内，使鱼丧失摄食能力，以致饿死，故称"闭口病"。若大量寄生在鳃上，因妨碍呼吸可引起窒息死亡。病鱼头部往往出现红头白嘴症状，所以群众又称它为"红头白嘴病"。

【流行情况】 每年春末夏初，在鱼苗和夏花饲养阶段，正是钩介幼虫释放到水中的时候，也是此病流行的盛期。它对各种鱼类都能寄生，但主要危害的是草鱼和青鱼的鱼苗和鱼种。

【防治方法】

（1）放养前用生石灰或每亩用40 ～ 50千克茶籽饼彻底清塘，杀灭池中蚌类，是预防此病的有效方法。

（2）鱼苗、鱼种池不能混养蚌类。

（3）发病初期，将病鱼转到没有蚌类的鱼池，并勤换水，可使病情好转。

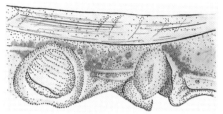

寄生在鳍条上的虫体

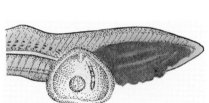

寄生在鳃丝上的虫体

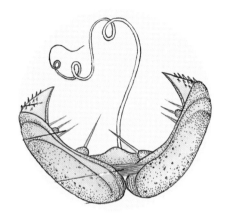

钩介幼虫

寄生在鱼苗体上的钩介幼虫

图109　钩介幼虫病

110．青泥苔、水网藻引起的鱼病

青泥苔、水网藻均属丝状绿藻。

【危害性】青泥苔是常见的丝状绿藻的总称，常见的有水绵、双星藻和转板藻。青泥苔在春季随水温逐渐上升，在鱼池浅水区开始萌发，长成一缕缕的绿色细丝，悬挂水中，衰老时形成一团团乱丝，状如棉絮，浮于水面，幼鱼游入其中，往往被乱丝缠住，游不出来而造成死亡；水网藻是网状绿藻。藻体由很多长筒细胞相互连接构成的网状体，由5～6个细胞连成多角形的"网眼"，由于藻体群集像网袋，所以称为水网藻。鱼池中水网藻数量多时，像张在水中的许多罗网，鱼苗游入罗网后，往往被牢牢网住而死亡。水网藻喜欢生长在浅水池塘，尤其是肥水池内。

【防治方法】

（1）用生石灰清塘，可以杀灭青泥苔、水网藻。但切记勿用茶籽饼清塘，用茶籽饼能助长它们的大量繁殖。

（2）未放鱼的池塘，每亩可用50千克草木灰撒在清泥苔、水网藻上，使它们得不到阳光而死亡。

（3）已放养的鱼池，每立方米水体可用0.7克硫酸铜全池遍洒，可有效地杀灭青泥苔和水网藻。

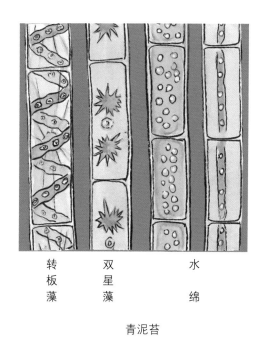

转板藻　双星藻　水绵

青泥苔

水网藻

水网藻网住的鱼苗

图110　青泥苔、水网藻引起的鱼病

111. 蓝藻、甲藻引起的鱼病

蓝藻中的微囊藻大量繁殖时，群众有的称"湖定""铜锈水"。甲藻中的多甲藻属和裸甲藻属大量繁殖时，在阳光照射下，池水反映出红棕色，群众称为"红水"。

【危害性】 微囊藻的外面有一层胶膜，鱼吃了不消化，影响鱼的生长。更可怕的是，藻体死亡后，蛋白质分解产生羟胺、硫化氢等有毒物质，这些毒物积累多时，会使鱼中毒。蓝藻中的微囊藻大量繁殖消耗水中氧气，pH可升到10左右，使维生素B_1迅速发酵分解。由于维生素B_1缺乏，使鱼神经系统混乱，失去平衡。甲藻鱼吃了也不消化，引起鱼类死亡的原因，很可能甲藻大量繁殖死亡后，产生甲藻素，使鱼类中毒所致。

【防治方法】

(1) 在鱼池下风处泼洒硫酸铜，铜离子能将蓝藻中的微囊藻产生的羟胺和硫化氢分解成无毒物质。

(2) 每立方米水体用0.7克硫酸铜全池泼洒，能抑制甲藻繁殖。

(3) 在清晨藻上浮聚集时，撒生石灰粉，连续2～3次，基本上可将蓝藻中的微囊藻杀死。

甲藻引起的鱼类中毒（水被污染呈红棕色）　　　　　蓝藻引起的鱼类中毒（水被污染呈暗绿色）

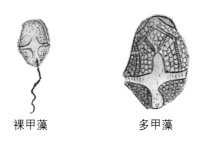

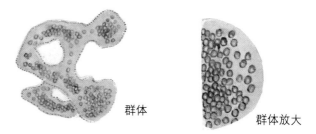

裸甲藻　　　　　多甲藻　　　　　　　群体　　　群体放大

蓝藻中的微囊藻

图111　蓝藻、甲藻引起的鱼病

112．蚌虾、小枻苔虫引起的鱼病

蚌虾又名蚌壳虫，属节枝动物，在我国对鱼造成危害的主要有圆蚌虾和狭蚌虾两种。小枻苔虫属苔藓虫中的一种，它们主要危害鱼苗。

【危害性】蚌虾形似幼蚌，半透明，雌雄异体，壳面具有同心圆生长线6～7条，壳面长3.8～4.5毫米、高3.5～3.9毫米；狭蚌虾比圆蚌虾稍大，为长椭圆形，壳面有17～19条同心圆生长线。它们在池中大量出现常是突发性的，数量多时，能使池水翻滚和变色，大量消耗水中氧气和养料，影响鱼苗的正常摄食，最后引起死亡；胶状小枻苔多结成群体，外观为灰黄色胶状椭圆形，群体直径为2～8厘米，群体中有许多虫室，每个虫室内有一个单个体。以浮游生物为食，与鱼苗争食。同时消耗水中溶氧，影响水质，严重时会引起鱼苗死亡。

【防治方法】

（1）用生石灰带水清塘，可以杀死蚌虾和小枻苔虫。

（2）每立方米水体用含90%的晶体敌百虫0.1～0.2克，全池泼洒，可杀死蚌虾。

（3）用网具清除小枻苔虫的群体。

蚌虾

蚌虾、小枝苔虫大量繁殖时会引起鱼苗、鱼种死亡

浮游休眠芽整体

小枝苔虫的群体

休眠芽侧面观
及壳缘的叉刺

小枝苔虫

图112　蚌虾、小枝苔虫引起的鱼病

113. 剑水蚤引起的鱼病

剑水蚤属浮游动物中的桡足类。危害鱼卵和刚孵出的鱼苗，主要有屠氏剑水蚤和近邻剑水蚤。

【危害性】剑水蚤的头胸部较腹部宽，头和胸部都分节，头部有一眼点，雄性第一触角上有执握器。雌性腹部两侧或腹面常带有卵囊。它们能残害鱼卵和孵化后4～5天内的鱼苗，至第五天后，对鱼苗已没有危害作用，反而可把它作为食料。在家鱼人工繁殖过程中，剑水蚤对鱼卵伤害最大。在鱼苗饲养池中，如条件适合就可大量繁殖，栖息在水草和其他物体上，鱼苗一与它接近，它就用触手把鱼苗包住，致使鱼苗死亡。

【防治方法】

（1）用敌敌畏或含90%的晶体敌百虫泼洒孵化水源或泼入孵化器内，杀灭剑水蚤。

（2）在刚出膜的鱼苗培育池，每立方米水体用敌敌畏0.5毫升或敌百虫0.5克全池泼洒，可杀灭剑水蚤。

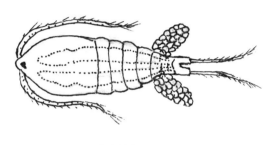

丘氏剑水蚤

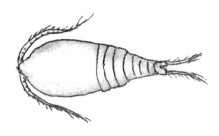

屠氏中剑水蚤

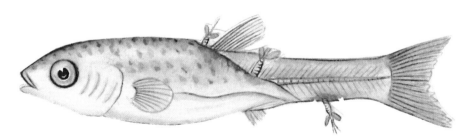

剑水蚤在叮咬鱼苗

图113 剑水蚤引起的鱼病

114. 水螅引起的鱼病

水螅是生活在淡水中的一种腔肠动物，它能致使鱼苗死亡。

【危害性】水螅身体呈细筒形，一端封闭，用以附着在其他物体上；另一端隆起如丘，丘顶有一孔为口，口的周围有细而中空的指状物，叫触手，一般5～6条。身体上生有许多刺细胞，特别是触手和口的周围较多。这种刺细胞受刺激时，可以突然放出刺丝并排出毒液，是水螅攻击和防御的武器。水螅常附着在水草、树根、石头或其他物体上，也可悬浮水中，以小型甲壳类、昆虫幼虫和其他小型动物为食，也吃鱼苗。在饲养鱼苗的池塘里，如条件对它适宜，就可大量繁殖，栖息在水草或其他物体上，鱼苗如与它接近，它就用触手把鱼苗包住，吃掉鱼苗。

【防治方法】

（1）如鱼池发现有大量水螅，应将池中的水草、树枝和石头等杂物清除。

（2）病鱼池可用硫酸铜全池泼洒，每立方米水体用药0.7克，可杀灭水螅。

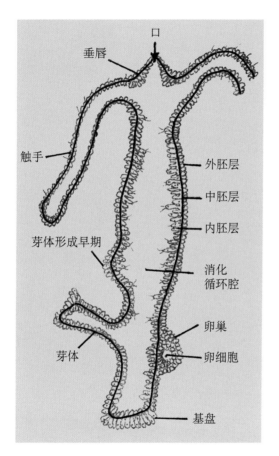

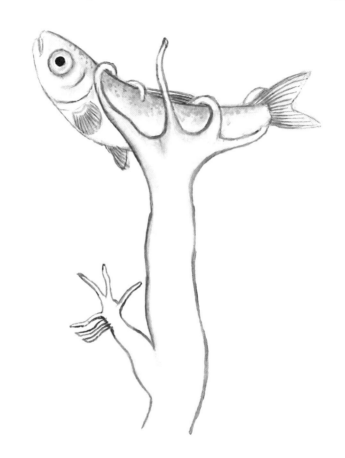

水螅纵剖面图

水螅捕食鱼苗

图114　水螅引起的鱼病

115. 水生昆虫引起的鱼病

引起鱼病的有水生昆虫的成虫、幼虫以及一些陆生昆虫而在水中营生的幼虫。

【危害性】危害鱼苗的一部分是水生昆虫的成虫，主要有龙虱、水斧虫、松藻虫、田鳖、红娘华等，一部分是水生昆虫的幼虫，如龙虱的幼虫水蜈蚣；一部分是陆生昆虫的幼虫在水中生活，如水蚤、差翅目幼虫。危害最大的是水蜈蚣。水蜈蚣有1对大钳状大颚，很像蜈蚣的毒螯，因而得名。幼虫呈灰白色，以后蜕皮长大，长约3厘米。常用尾部悬挂在水面呼吸，经常用大颚将鱼苗夹死而吸食其体液。一只水蜈蚣在一夜之间能夹死鱼苗16尾之多。危害性惊人，但对3厘米以上的夏花鱼种危害不大。其他的虫害，它们均能捕食或刺伤鱼苗，成为鱼苗的敌害。

【防治方法】

（1）用生石灰清塘，可以杀灭各种昆虫的成虫、幼虫和其他生物。

（2）每立方米水体用含90%的晶体敌百虫0.5克全池泼洒，可杀死水蚤、松藻虫和水蜈蚣等。

（3）趁拉网关箱时，向箱内泼100～200克煤油，使箱内水生昆虫触油闭塞气孔窒息而死。

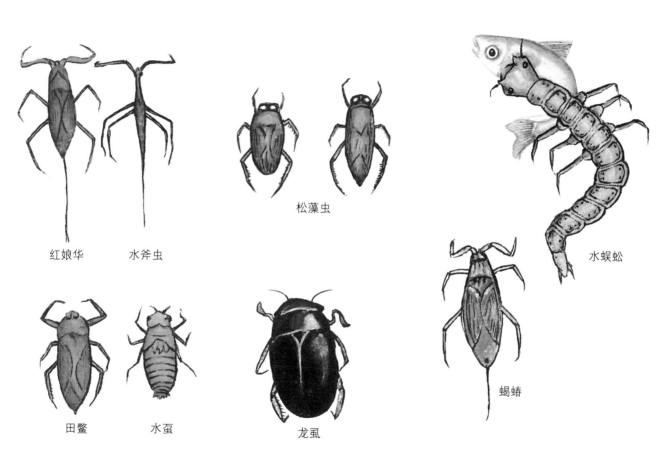

松藻虫

红娘华　　　水斧虫

水蜈蚣

田鳖　　　水虿

龙虱

蝎蝽

图115　水生昆虫引起的鱼病

116. 螺、蚌引起的鱼病

生活在池塘中的螺、蚌种类很多，它们是青鱼、鲤等的天然饵料。但对鱼苗来说，它们都有较大的危害。

【危害性】常见的螺、蚌有田螺、湖螺、椎实螺、乌螺、扁螺、钉螺及圆蚌、湖蚌、长蚌、杜氏蚌、黄砚、淡水壳菜等。它们对鱼苗、鱼种的危害，首先表现在与鱼苗、鱼种争食。当池塘中的螺、蚌大量繁殖时，浮游生物数量大大减少，池水清瘦，鱼苗、鱼种因缺食而生长缓慢。另外，螺、蚌是一些鱼类寄生虫的中间寄主和带虫者，如椎实螺、湖螺、蚌类。还有蚌类的钩介幼虫直接寄生在鱼体上，因此一些鱼病的发生和发展直接或间接地与池内的螺、蚌有关。

【防治方法】

（1）每亩用茶籽饼40 ～ 50千克清塘，以杀死底泥中的螺、蚌。

（2）人工摸除螺、蚌，或在池中放入树枝、水草等，让螺蛳栖息，每天捞除1次。

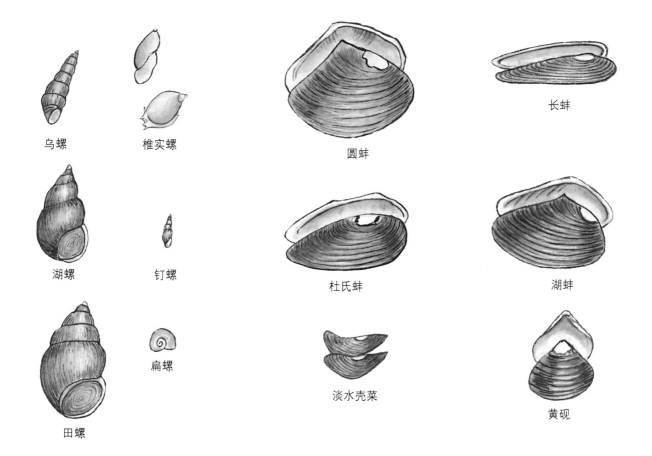

乌螺　　椎实螺

湖螺　　钉螺

扁螺

田螺

长蚌

圆蚌

杜氏蚌

湖蚌

淡水壳菜

黄砚

图116　螺、蚌引起的鱼病

117. 敌害鸟兽

我国鸟类种类甚多，其中部分种类适应于水滨生活。它们以猎取鱼类为食，尤其喜欢猎取鱼种，有的还能造成鱼类疾病流行，危害鱼类养殖。

【危害性】捕食鱼类的鸟类有鸬鹚、池鹭、苍鹭、鹗（鱼鹰）、红嘴鸥和翠鸟等，它们都是捕鱼能手。鸬鹚能潜入水中捕鱼，嘴为圆锥形。上嘴尖端弯曲成钩状，下嘴基部有喉囊，四趾有蹼和爪，善于潜水，一般能潜水2～3米，深者可达10米，能捕获大鱼；红嘴鸥、鹗（鱼鹰）经常在鱼池上空飞翔，俯视水面。一旦发现有鱼游动，即对准目标，突然冲入水中用锐利的脚爪抓捕鱼类。一条0.5～1千克的鱼，鹗也能抓住飞行；苍鹭、池鹭经常三五成群，在湖泊、水库、池塘边涉水觅食鱼类。它们的食量很大，有人解剖一只苍鹭，发现其肠胃中有5条30～60克的鲫；翠鸟常单独停留池边的树枝或岩石上，

伺机捕鱼，它的体型小，只能捕食小鱼，因而对鱼种的危害最大；鸥鸟不但捕食鱼类，而且还是复口吸虫和舌状绦虫的终生寄主，它们常在水面上空徘徊，虫卵随鸟粪排入水中，引起一些寄生虫性鱼病广泛流行。水獭是危害鱼类的主要兽类，它喜欢穴居河滨池畔，昼伏夜出，捕鱼能力相当强，对养鱼危害较大。

【防治方法】

（1）对于敌害鸟类，有的采取枪击和装置诱捕器捕捉，但不宜提倡。应从保护生态环境的全局出发，最好采取驱赶法，使敌害鸟类不敢接近鱼池。

（2）鱼池尤其是鱼种池的旁边，不宜栽植大树，以免引来敌害鸟类在此栖息停留，对鱼类造成威胁。

（3）用诱捕器、药饵捕杀水獭。

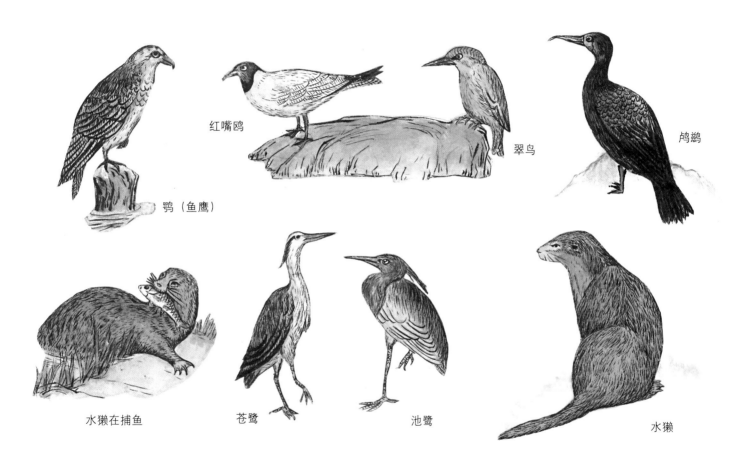

红嘴鸥

鹗（鱼鹰）

翠鸟

鸬鹚

水獭在捕鱼

苍鹭

池鹭

水獭

图117　敌害鸟兽

118. 鼠、蛇、蛙类对鱼的危害

水鼠、水蛇、蛙类及蝌蚪都能捕食鱼苗、鱼种，有的还是鱼病的传播者。所以对养鱼而言，它们均属敌害生物。

对鱼类危害较大的蛙类有虎纹蛙（泥蛙）、黑斑蛙（青蛙）和金线蛙。除成蛙和蝌蚪大量吞食鱼苗、鱼种外，蝌蚪在池塘中大量发生时，会消耗水中的氧气和养料，使鱼池缺氧，水质清瘦，严重影响鱼类生长，而且还是车轮虫病传播的媒介，对养鱼造成极大的威胁。但是蛙类也能捕捉害虫，维护生态平衡。从这点出发，蛙类也是人们的朋友，属保护动物。水鼠和水蛇生活在池塘周边，捕食鱼种和幼鱼，是鱼类的天敌。

【防治方法】

（1）对于成蛙和蝌蚪，一方面要将它们驱赶出池，驱除成蛙，捞除池中蛙卵和蝌蚪；另一方面要加以保护，将其放入稻田、果园或菜地、水沟内，让它去清除病虫害。

（2）用诱捕器、药饵捕杀水蛇、水鼠。

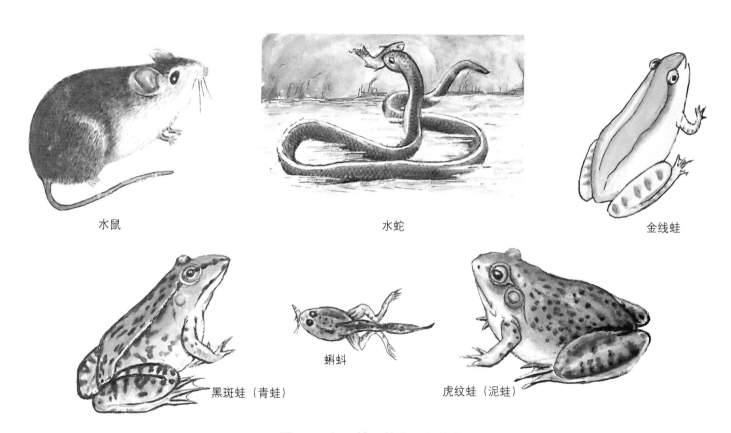

水鼠

水蛇

金线蛙

黑斑蛙（青蛙）

蝌蚪

虎纹蛙（泥蛙）

图118　鼠、蛇、蛙类对鱼的危害

119. 凶猛鱼类

鳜、乌鳢、鲇、黄颡鱼、鳡和鲌等都是凶猛鱼类。这些鱼类可作专池养殖，或在成鱼池中搭配饲养，因为它们是经济价值很高的名贵鱼类。但它们十分凶猛，称霸水簇，专以吃鱼为生，对养鱼危害很大。鳡能吞食比它身体还大的鱼类，体长1.5厘米的鳡，就开始捕食其他鱼苗；体重0.5千克的乌鳢，能吞食100～150克的草鱼、青鱼、鲢、鳙、鲤、鲫和鳊等；鲇、黄颡鱼喜欢夜间出来觅食各种鱼苗、鱼种；鳜、鲌在水中不停地追捕其他鱼类，这些鱼霸是养殖鱼类的大敌，给养鱼生产带来严重威胁。

【防治方法】

（1）鱼苗、鱼种饲养阶段，结合拉网锻炼鱼体时，清除凶猛鱼类。

（2）湖泊、水库放养前，用丝网等渔具清除凶猛鱼类。

（3）把清除出池的凶猛鱼类收集起来专池饲养，或搭配到成鱼池中，借以清除鱼池中的野杂鱼，提高养殖经济效益。

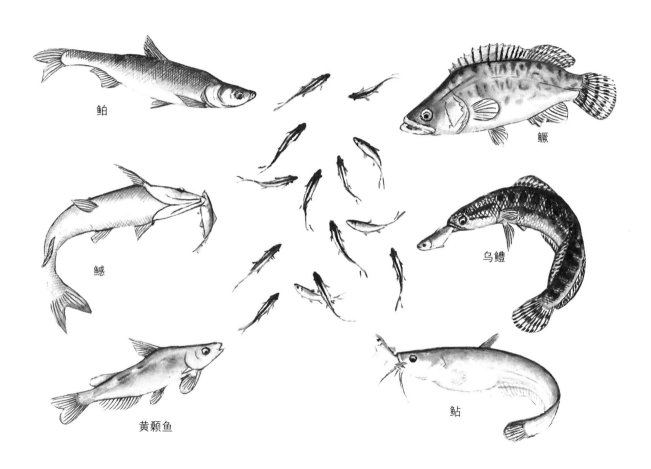

鲌

鳜

鳡

乌鳢

黄颡鱼

鲇

图119　凶猛鱼类

120. 几种敌害生物传播鱼病示意图

传播鱼病的敌害生物较多，主要有食鱼鸟类、螺蚌类、水蚤类及介形虫，颤蚓等。它们中间除食鱼鸟类是终末寄主外，其他均为中间宿主。主要传播各种绦虫病、吸虫病、线虫病及棘衣虫病、锥体虫病等。

引起绦虫病的病原是绦虫，它的终末寄主是鸥鸟，中间宿主是剑水蚤。寄生在鸥鸟肠道中的成虫，随粪便将卵落入水中，孵化出钩球蚴；被剑水蚤吞食，在其体内发育成原尾蚴；鱼类吞食了这些剑水蚤后，原尾蚴穿过肠壁，在体腔内发育成为裂头蚴；鸟类吃了这些鱼后，裂头蚴就在鸟肠内发育成为成虫。

引起复口吸虫病的病原是复口吸虫，它的终末寄主是鸥鸟，中间宿主是椎实螺、鱼。复口吸虫寄生在鸥鸟的肠道中，虫卵随鸟粪落入水中，孵出纤毛蚴虫；遇第一中间宿主椎实螺，钻入螺体后，在其体内发育成尾蚴；尾蚴经无性繁殖产生无数尾蚴；尾蚴离开螺体后，遇到鱼类，即从皮肤钻入，通过循环系统到达鱼眼内，逐渐发育成囊蚴；鸥鸟吞食了这些鱼后，囊蚴在它的肠道中发育成为成虫。

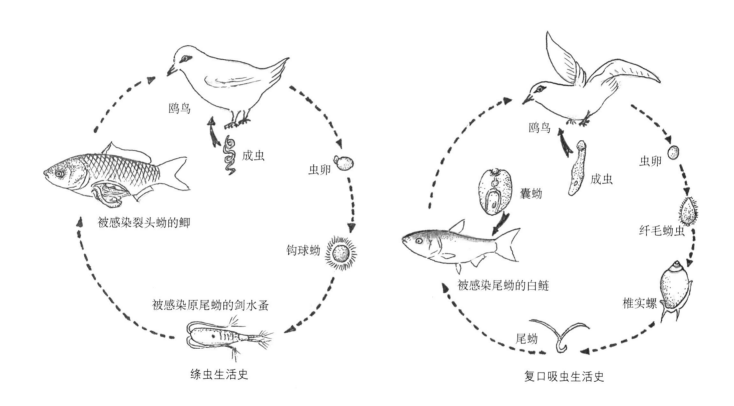

鸥鸟

成虫

虫卵

被感染裂头蚴的鲫

钩球蚴

被感染原尾蚴的剑水蚤

绦虫生活史

鸥鸟

成虫

虫卵

囊蚴

纤毛蚴虫

被感染尾蚴的白鲢

椎实螺

尾蚴

复口吸虫生活史

图120　几种敌害生物传播鱼病示意图

图书在版编目（CIP）数据

彩色图解鱼病大全 ／ 唐家汉，唐浩编著．—北京：
中国农业出版社，2018.3（2021.9重印）
　ISBN 978-7-109-23561-8

　Ⅰ．①彩… Ⅱ．①唐… ②唐… Ⅲ．①鱼病－诊断－
图解 Ⅳ．①S941-64

　中国版本图书馆CIP数据核字(2017)第282952号

中国农业出版社出版
（北京市朝阳区麦子店街18号楼）
（邮政编码 100125）
责任编辑　林珠英

北京中科印刷有限公司印刷　　新华书店北京发行所发行
2018年3月第1版　　2021年9月北京第2次印刷

开本：700mm×1000mm　1/16　　印张：16.75
字数：280千字
定价：138.00元
（凡本版图书出现印刷、装订错误，请向出版社发行部调换）